MD AMINUZZAMAN

GESTÃO DE RESÍDUOS SÓLIDOS

MD AMINUZZAMAN

GESTÃO DE RESÍDUOS SÓLIDOS

DETECÇÃO REMOTA E GIS NA GESTÃO DE RESÍDUOS SÓLIDOS

ScienciaScripts

Imprint

Any brand names and product names mentioned in this book are subject to trademark, brand or patent protection and are trademarks or registered trademarks of their respective holders. The use of brand names, product names, common names, trade names, product descriptions etc. even without a particular marking in this work is in no way to be construed to mean that such names may be regarded as unrestricted in respect of trademark and brand protection legislation and could thus be used by anyone.

Cover image: www.ingimage.com

This book is a translation from the original published under ISBN 978-620-8-43008-5.

Publisher:
Sciencia Scripts
is a trademark of
Dodo Books Indian Ocean Ltd. and OmniScriptum S.R.L publishing group

120 High Road, East Finchley, London, N2 9ED, United Kingdom
Str. Armeneasca 28/1, office 1, Chisinau MD-2012, Republic of Moldova, Europe
Managing Directors: Ieva Konstantinova, Victoria Ursu
info@omniscriptum.com

Printed at: see last page
ISBN: 978-620-2-76247-2

ÍNDICE

1.INTRODUÇÃO 2

2. REVISÃO DA LITERATURA 9

3.ÁREA DE ESTUDO 28

4. MATERIAIS E MÉTODOS 32

5.RESULTADOS E DISCUSSÃO 37

6.CONCLUSÕES 63

REFERÊNCIAS 67

1. INTRODUÇÃO

1.1 Breve descrição geral

Os resíduos sólidos gerados por várias actividades humanas, tais como processos industriais, operações comerciais e empreendimentos domésticos, colocam problemas ambientais e de saúde significativos. A eliminação indiscriminada de resíduos sólidos tem consequências de grande alcance, afectando não só o bem-estar humano, mas também o delicado equilíbrio do ecossistema. Uma gestão eficaz dos resíduos sólidos é crucial para atenuar estes riscos, garantindo a adesão às melhores práticas ambientais e promovendo o desenvolvimento sustentável. A gestão de resíduos sólidos engloba a recolha, o tratamento e a eliminação sistemáticos de materiais residuais, respondendo a um desafio global premente que interliga o crescimento económico, a saúde das comunidades e a sustentabilidade ambiental. A intrincada relação entre a produção de resíduos, o desenvolvimento económico e o bem-estar social torna a gestão de resíduos sólidos uma preocupação crítica, necessitando de estratégias proactivas para minimizar os impactos adversos dos resíduos na saúde humana e no ambiente.

1.2 Gestão de resíduos sólidos nos países em desenvolvimento

A gestão inadequada dos resíduos sólidos representa uma ameaça ambiental generalizada na maioria dos centros urbanos do mundo em desenvolvimento, onde o manuseamento e a eliminação incorrectos dos resíduos sólidos urbanos conduzem a uma degradação ambiental flagrante. Esta ameaça ecológica manifesta-se sob a forma de poluição atmosférica, contaminação do solo e poluição dos recursos hídricos superficiais e subterrâneos, principalmente atribuível à má gestão dos resíduos sólidos urbanos (OMS, 1996). O Programa de Preocupação com a Saúde Ambiental da Organização Mundial de Saúde, realizado em África entre 2008 e 2009, sublinhou a gravidade desta questão, identificando a eliminação de resíduos sólidos como a segunda preocupação mais premente, ultrapassada apenas pela qualidade da água potável. Esta dura realidade realça a necessidade urgente de estratégias eficazes de gestão de resíduos sólidos nos países em desenvolvimento, onde as consequências da inação podem ter impactos devastadores na saúde humana, na sustentabilidade ambiental e no desenvolvimento económico. As taxas alarmantes de produção de resíduos, aliadas a infra-estruturas de eliminação inadequadas, agravam o problema, sublinhando a necessidade de abordagens integradas de gestão de resíduos que dêem prioridade à redução de resíduos, à reciclagem e a práticas de eliminação ambientalmente corretas.

A confluência do rápido crescimento populacional, da urbanização acelerada, do boom económico e do aumento do nível de vida nos países em desenvolvimento precipitou um aumento acentuado da produção de resíduos sólidos urbanos, colocando desafios significativos à gestão sustentável dos resíduos (Deng & Englehardt, 2006; Koshy et al., 2007; Minghua et al., 2009; Eggen et al., 2010) As autoridades municipais, normalmente responsáveis pela gestão de resíduos nos centros urbanos, enfrentam a difícil tarefa de conceber e implementar sistemas económicos e eficazes para servir as suas populações em crescimento Em resposta a esta questão premente, foram realizados nos últimos anos inúmeros estudos e trabalhos de investigação para identificar os principais factores que influenciam os sistemas de gestão de resíduos nas cidades dos países em desenvolvimento. Estas investigações têm procurado elucidar a complexa interação entre os factores socioeconómicos, ambientais e de governação que moldam os resultados da gestão de resíduos, incluindo a densidade populacional, o desenvolvimento económico, a capacidade institucional, a sensibilização do público e as infra-estruturas tecnológicas. Ao esclarecer estes factores críticos, os investigadores pretendem informar políticas e estratégias baseadas em provas que optimizem as práticas de gestão de resíduos, atenuem os impactos ambientais e promovam o desenvolvimento

3

urbano sustentável nos países em desenvolvimento.

Nos países em desenvolvimento, o rápido crescimento dos centros urbanos gera quantidades colossais de resíduos, colocando desafios significativos para as autoridades locais e federais (Yousif & Scott, 2007; Tacoli, 2012). A eliminação inadequada destes resíduos tem consequências catastróficas, culminando numa grave degradação ambiental, no comprometimento da saúde humana e animal e em perdas económicas substanciais. Além disso, a gestão inadequada dos resíduos conduz a uma multiplicidade de riscos ecológicos, incluindo a contaminação dos recursos hídricos superficiais e subterrâneos através de fugas de lixiviados, a poluição do solo através do contacto direto com os resíduos ou da infiltração de lixiviados, e a poluição atmosférica resultante da queima de resíduos a céu aberto (Jankowski & Nyerges, 2001; Jilani et al., 2002; Hammer, 2003; Visvanathan & Glawe, 2006; Khamehchiyan et al., 2011) Além disso, a eliminação não controlada de resíduos facilita a propagação de doenças infecciosas através de vectores como insectos, aves e roedores, ao mesmo tempo que liberta gás metano, um potente gás com efeito de estufa, através da decomposição anaeróbia. Os efeitos não mitigados da má gestão dos resíduos perpetuam um ciclo vicioso de deterioração ambiental, ameaçando a biodiversidade, o bem-estar humano e o desenvolvimento económico. A adoção de estratégias eficazes de gestão de resíduos é, por conseguinte, crucial para atenuar estes riscos, garantindo a proteção da saúde pública, a sustentabilidade ambiental e a prosperidade económica nos países em desenvolvimento.

1.3 Gestão de resíduos sólidos na Etiópia

À semelhança dos desafios enfrentados pela maioria dos países em desenvolvimento, as zonas urbanas da Etiópia debatem-se com um fosso significativo entre a procura de serviços essenciais e o ritmo de desenvolvimento dos aglomerados populacionais. A ausência de infra-estruturas integradas e de desenvolvimento habitacional agrava esta questão, resultando numa prestação inadequada de serviços vitais, incluindo a recolha e eliminação de resíduos sólidos e líquidos. É alarmante o facto de a maioria dos centros urbanos da Etiópia não ter acesso a estes serviços básicos, o que conduz a uma degradação ambiental e a riscos para a saúde galopantes. As consequências são graves: os agregados familiares e os ambientes circundantes são cada vez mais afectados pela miséria, com a acumulação de resíduos a representar sérios riscos para a saúde pública, a segurança e o bem-estar. Esta situação terrível sublinha a necessidade urgente de estratégias abrangentes de gestão de resíduos sólidos, incorporando sistemas eficazes de recolha, transporte e eliminação, para salvaguardar o ambiente, mitigar os riscos para a saúde e promover o desenvolvimento urbano sustentável na Etiópia.

No entanto, o desafio de selecionar locais adequados e gerir a eliminação de resíduos sólidos é particularmente grave em países como a Etiópia, onde os recursos financeiros finitos coincidem com o rápido crescimento da população. De acordo com Degnet (2008), a maioria dos residentes na maior parte das cidades etíopes recorre a práticas inseguras e primitivas de eliminação de resíduos sólidos, tais como despejo a céu aberto, queima e enterramento, reflectindo as experiências de muitos outros países em desenvolvimento. Consequentemente, prevalece o despejo descontrolado a céu aberto, com muitas famílias a adoptarem métodos de eliminação improvisados, incluindo a queima, o enterramento e a compostagem. Lamentavelmente, estas práticas de auto-gestão não garantem a limpeza e a segurança, perpetuando frequentemente os riscos para o ambiente e para a saúde. Por exemplo, a queima de resíduos domésticos pode gerar externalidades negativas localizadas significativas, incluindo a poluição atmosférica, dependendo de factores como os métodos de combustão, a hidrologia local e as condições meteorológicas. Além disso, estas práticas informais de eliminação contaminam os recursos hídricos superficiais e subterrâneos, propagam doenças infecciosas e libertam gases nocivos com efeito de estufa, sublinhando a necessidade imperativa de soluções sustentáveis de gestão de resíduos orientadas para a comunidade e adaptadas ao contexto socioeconómico e ambiental único da Etiópia.

1.4. Gestão de resíduos sólidos na cidade de Gondar

Gondar, um centro regional em rápida expansão na Etiópia, está a debater-se com as consequências de uma urbanização descontrolada, caracterizada por um crescimento populacional e uma atividade económica crescentes. O consequente aumento da produção de resíduos sólidos exerceu uma enorme pressão sobre a infraestrutura de gestão de resíduos da cidade, com a administração municipal a afetar uma parte substancial do seu orçamento aos esforços de recolha, transporte e eliminação. Atualmente, a cidade depende de um único local de despejo a céu aberto, situado na vizinhança oriental do campus de Fasil, da Universidade de Gondar, onde todos os resíduos recolhidos são despejados indiscriminadamente. Infelizmente, este sítio, como muitos outros nas cidades e vilas etíopes, está indevidamente localizado perto de ecossistemas sensíveis, incluindo massas de água, linhas de falha, campos agrícolas, zonas residenciais e bermas de estradas (EGSSAA, 2009). Esta prática insustentável tem consequências catastróficas, incluindo uma grave contaminação ambiental, riscos para a saúde e degradação ecológica. A eliminação descontrolada de resíduos sólidos contamina os recursos hídricos superficiais e subterrâneos, polui o solo através do contacto direto com os resíduos, liberta gases nocivos com efeito de estufa e prejudica a biodiversidade local. Além disso, apresenta riscos significativos para a saúde humana, precipita danos materiais e prejudica o aspeto estético da cidade, acabando por desencorajar o turismo e as actividades comerciais. A necessidade urgente de uma estratégia abrangente e sustentável de gestão de resíduos sólidos na cidade de Gondar não pode ser exagerada, exigindo uma mudança de paradigma para práticas integradas de gestão de resíduos que dêem prioridade à gestão ambiental, à saúde pública e à vitalidade económica. A seleção de um local adequado para a eliminação de resíduos sólidos coloca desafios significativos, mas o aproveitamento do Sistema de Informação Geográfica (SIG) e das tecnologias de Deteção Remota oferece uma solução robusta para a identificação de locais de eliminação ambientalmente sustentáveis e socialmente aceitáveis com uma precisão eficiência e eficácia de custos sem paralelo. No meio das preocupações crescentes com a gestão de grandes quantidades de resíduos sólidos, o SIG surgiu como uma ferramenta inestimável para os planeadores urbanos. Tirando partido das capacidades da Deteção Remota, é possível avaliar com precisão critérios espaciais vitais, como a utilização/cobertura do solo, os padrões de drenagem, a composição do solo, a elevação e o declive. Por outro lado, o SIG permite a criação, análise e integração de dados espaciais e de atributos para informar o processo de seleção do local de eliminação de resíduos sólidos. A aplicação sinérgica da deteção remota e do SIG tem sido amplamente reconhecida como uma abordagem eficaz para identificar os melhores locais de eliminação de resíduos sólidos (Natesan & Suresh, 2002; Padmaja et al., 2006 Twumasi et al., 2007; Sumathi et al , 2008; Emun, 2010; Adeofun, 2011; Saxena & Srivastava, 2011; Sener et al., 2011). Com base nestes fundamentos, o presente estudo procura explorar o potencial das estratégias de SIG e de deteção remota para identificar locais adequados para a eliminação de resíduos sólidos na cidade de Gondar, incorporando uma série de factores relacionados com o terreno para garantir uma solução ambientalmente informada e sustentável. Ao integrar estas tecnologias de ponta, esta investigação visa fornecer um quadro abrangente para a gestão de resíduos sólidos, atenuando os impactos ambientais e sociais adversos associados a práticas inadequadas de eliminação de resíduos.

1.5 Questões e objectivos da investigação

1.5.1 Questões de investigação:

+ Quais são os factores que afectam a seleção do local de eliminação de resíduos sólidos na cidade de Gondar?

↓ Qual é a zona adequada para a descarga de resíduos sólidos na cidade de Gondar?

1.5.2 Objectivos da investigação:

↓ Identificar os factores que afectam a seleção do local adequado para a eliminação de resíduos sólidos na cidade de Gondar.

↓ Analisar os efeitos de cada fator na seleção do local adequado para a eliminação de resíduos sólidos na cidade de Gondar.

↓ Elaborar um mapa final dos locais adequados para a eliminação de resíduos sólidos na cidade de Gondar.

2. REVISÃO DA LITERATURA

2.1 Eliminação de resíduos sólidos: Uma Preocupação Crítica na Cidade de Gondar

Os resíduos sólidos abrangem um amplo espetro de materiais descartados provenientes de actividades humanas e animais, considerados indesejáveis e sem valor. Estes fluxos de resíduos são gerados a partir de várias fontes, incluindo actividades industriais, residenciais e comerciais dentro de uma determinada área. Consequentemente, os locais de eliminação de resíduos sólidos são tipicamente categorizados em quatro tipos principais: instalações de resíduos sanitários, municipais, de construção e demolição, e industriais. Lamentavelmente, na cidade de Gondar, a produção desenfreada de resíduos provenientes de zonas residenciais, comerciais e industriais tornou-se um problema premente, com quantidades maciças de resíduos não separados a serem despejados indiscriminadamente em locais abertos. Esta prática descontrolada de despejo de resíduos em locais inadequados cria um ambiente propício à proliferação de vectores portadores de doenças, como moscas, roedores e outros animais nocivos, que contaminam a cidade e representam riscos significativos para a saúde dos seus habitantes. A falta de infra-estruturas adequadas de separação e eliminação de resíduos agrava este problema, conduzindo a consequências ambientais e sanitárias inaceitáveis, incluindo a propagação de doenças infecciosas, a poluição do ar e da água e a degradação ecológica. Estratégias eficazes de gestão de resíduos sólidos são, por conseguinte, cruciais para mitigar estes riscos, garantir a saúde e a segurança públicas e promover o desenvolvimento urbano sustentável na cidade de Gondar.

2.2 Gestão de resíduos sólidos: Uma abordagem integrada

A Gestão de Resíduos Sólidos engloba uma disciplina abrangente que supervisiona o controlo sistemático da produção, armazenamento, recolha, transporte, processamento e eliminação de resíduos sólidos, dando prioridade a um equilíbrio harmonioso entre a saúde pública, a sustentabilidade ambiental, a viabilidade económica, o apelo estético e as considerações de engenharia. Esta abordagem multifacetada reconhece as intrincadas relações entre as práticas de gestão de resíduos e os seus impactos no bem-estar humano, nos recursos naturais e nos ecossistemas urbanos. Neste contexto, o presente estudo centra-se no desenvolvimento de um sistema optimizado de gestão de resíduos sólidos, concentrando-se especificamente na identificação de locais adequados para a eliminação de resíduos sólidos, utilizando técnicas do Sistema de Informação Geográfica (SIG). Ao tirar partido das capacidades do SIG, esta investigação visa fornecer um quadro orientado por dados aos decisores, assegurando a seleção de locais de eliminação que minimizem a degradação ambiental, mitiguem os riscos para a saúde e se alinhem com os objectivos económicos e sociais. Esta abordagem integrada reconhece as complexidades da gestão de resíduos sólidos e procura fornecer uma solução sustentável, eficiente e orientada para a comunidade para a cidade de Gondar.

2.3 Locais de eliminação de resíduos sólidos: Instalações projectadas para uma gestão sustentável dos resíduos

Um local de eliminação de resíduos sólidos, também designado por aterro sanitário, depósito ou lixeira, é uma instalação meticulosamente concebida e construída para a eliminação controlada de resíduos através do enterramento (Tchobanoglous, 1993). Esta estrutura especializada, integrada no solo ou sobre ele, assegura a segregação do lixo do ambiente circundante, minimizando os potenciais riscos ecológicos e para a saúde. Apesar da resistência generalizada do público aos locais de eliminação de resíduos sólidos, estes continuam a ser uma componente indispensável das estratégias globais de gestão de resíduos, uma vez que nenhuma combinação de técnicas pode eliminar totalmente a necessidade de tais instalações. Os locais de eliminação de resíduos sólidos eficazes incorporam uma monitorização rigorosa dos fluxos de entrada de resíduos, uma colocação e compactação precisas dos resíduos e a instalação de sistemas avançados de monitorização e controlo ambiental para atenuar os potenciais impactos (Sener, 2004). Estas instalações de engenharia dão prioridade à sustentabilidade, empregando tecnologias de ponta para minimizar a produção de lixiviados, evitar a contaminação das águas subterrâneas e reduzir as emissões de gases com efeito de estufa. Ao adoptarem uma abordagem sistemática à eliminação de resíduos, os locais de eliminação de resíduos sólidos desempenham um papel fundamental na manutenção da saúde pública, na proteção dos ecossistemas e na promoção de práticas de gestão de resíduos ambientalmente responsáveis.

Nos países de baixo rendimento, os locais de eliminação de resíduos sólidos têm sido, desde há muito, a principal solução para a eliminação final de resíduos, com uma maioria significativa de comunidades a recorrer a práticas de eliminação de resíduos sólidos ao nível da subsistência, caracterizadas por descargas a céu aberto ou eliminação não controlada de resíduos (Tsegaye 2006). No entanto, a urgência crescente da degradação ambiental urbana pôs recentemente em evidência a gestão dos resíduos sólidos nestes países, suscitando uma preocupação generalizada e levando a uma mudança de paradigma no sentido de concepções mais sustentáveis de eliminação de resíduos. À medida que as implicações ambientais, sanitárias e socioeconómicas de uma gestão inadequada dos resíduos se tornam cada vez mais evidentes, os países de baixo rendimento dão agora prioridade a soluções inovadoras de eliminação de resíduos sólidos que privilegiem a proteção ambiental e as salvaguardas da saúde pública. Esta mudança de foco levou ao desenvolvimento de estratégias mais sofisticadas de gestão de resíduos, incorporando tecnologias de ponta e melhores práticas para minimizar os danos ecológicos, mitigar os riscos para a saúde e promover o bem-estar da comunidade. Consequentemente, a conceção e a implementação de locais de eliminação de resíduos sólidos estão a ser reimaginadas para integrar caraterísticas essenciais, tais como revestimentos de aterros, sistemas de recolha de lixiviados e infra-estruturas de captação de biogás, reduzindo assim a pegada ambiental da eliminação de resíduos e promovendo ambientes urbanos mais sustentáveis.

A eliminação de resíduos sólidos, reconhecida como o método mais económico para a eliminação final de resíduos sólidos urbanos, tem sido a abordagem predominante em todo o mundo. No entanto, a localização de instalações de eliminação de resíduos sólidos representa um desafio complexo, exigindo um processo de avaliação multifacetado que considere numerosos factores e cumpra regulamentos rigorosos. A identificação e seleção de locais adequados exigem procedimentos meticulosos e sistemáticos para garantir resultados ambientalmente sustentáveis e socialmente aceitáveis. Uma seleção inadequada do local pode ter consequências devastadoras, incluindo a degradação ambiental, a oposição pública e danos ecológicos a longo prazo. A seleção eficaz de locais deve incorporar a análise de dados espaciais extensivos, quadros regulamentares e critérios de aceitação, exigindo correlações eficientes entre estas variáveis (Sumathi, 2007). Além disso, este processo requer uma compreensão abrangente dos factores geológicos, hidrológicos e socioeconómicos, bem como o envolvimento das partes interessadas e a participação da comunidade. Ao adotar uma abordagem rigorosa e baseada em dados para a seleção do local, as instalações de eliminação de resíduos sólidos podem ser concebidas e exploradas de forma a minimizar os impactos ambientais, atenuar os riscos para a saúde e manter a confiança do público. A eliminação de resíduos através da eliminação de resíduos sólidos envolve o enterramento de materiais residuais, um método amplamente praticado na maioria dos países. Muitas vezes, as instalações de eliminação de resíduos sólidos são estrategicamente estabelecidas em pedreiras abandonadas, vazios mineiros ou poços de empréstimo, proporcionando uma solução viável para a gestão de resíduos. Quando meticulosamente concebida e gerida, a eliminação de resíduos sólidos pode servir como uma abordagem sanitária e relativamente económica para a eliminação de materiais residuais. Comumente referidos como aterros sanitários, lixeiras, depósitos de lixo, lixeiras ou aterros sanitários, os locais de eliminação de resíduos sólidos têm sido historicamente o principal método organizado de eliminação de resíduos, persistindo em numerosos locais em todo o mundo (Minalu, 2016). Em particular, a eficácia da eliminação de resíduos sólidos depende em grande medida de um planeamento cuidadoso, de uma engenharia precisa e de protocolos operacionais rigorosos para minimizar os impactos ambientais e os riscos para a saúde. Se for corretamente executada, a eliminação de resíduos sólidos pode atenuar problemas como a contaminação por lixiviados, as emissões de metano e a atração de pragas, salvaguardando assim os ecossistemas e as comunidades locais. À medida que o mundo continua a debater-se com os crescentes desafios da gestão de resíduos, a eliminação de resíduos sólidos continua a ser uma solução crucial, embora imperfeita.

2.4 Seleção do local de eliminação de resíduos sólidos: Uma consideração crítica para a saúde pública e a sustentabilidade

A seleção de um local de eliminação de resíduos sólidos é uma preocupação premente para a saúde pública e a sustentabilidade ambiental, particularmente face à rápida urbanização. Para garantir a viabilidade a longo prazo, é essencial integrar um planeamento minucioso da utilização do solo e considerar os limites do desenvolvimento futuro ao identificar uma área de eliminação adequada. Além disso, o impacto do tráfego de camiões de lixo, tanto atual como futuro, deve ser cuidadosamente avaliado para minimizar as perturbações e a degradação ambiental. A localização de um local de eliminação de resíduos exige uma avaliação multifacetada de vários factores, incluindo as caraterísticas topográficas, as condições hidrológicas e geológicas, a proximidade de zonas residenciais e industriais e a utilização futura prevista do solo (Chang et al., 2007). Além disso, outras considerações críticas incluem a sensibilidade ambiental, a fragilidade ecológica e os riscos potenciais para os recursos hídricos subterrâneos, a qualidade do ar e a biodiversidade local. Uma avaliação abrangente destes factores permite a identificação de locais óptimos que equilibram as preocupações com a saúde pública, a sustentabilidade ambiental e a viabilidade económica, atenuando, em última análise, os impactos adversos da eliminação de resíduos sólidos nas comunidades e nos ecossistemas.

A seleção final de um local de eliminação de resíduos sólidos resulta normalmente de um processo rigoroso que envolve levantamentos detalhados do local, estudos de conceção e de custos de engenharia e avaliações exaustivas do impacto ambiental (Mohammad et al., 2009). No entanto, as complexidades da seleção de um local de eliminação de resíduos sólidos resultam de uma miríade de factores, regulamentos e diversas fontes de dados provenientes de domínios sociais e ambientais, incluindo fontes de abastecimento de água, padrões de utilização dos solos, sítios ecológicos sensíveis e redes rodoviárias. Esta avaliação complexa exige a integração de informações espaciais extensas, que podem ser processadas e analisadas de forma eficiente utilizando Sistemas de Informação Geográfica (SIG) como uma ferramenta fundamental para a análise da adequação do uso do solo (Seiied, 2015). Aproveitando as capacidades do GIS, os decisores podem avaliar e ponderar sistematicamente factores concorrentes, como a sensibilidade hidrológica, a estabilidade geológica e a proximidade de áreas residenciais, para identificar locais óptimos que minimizem a degradação ambiental e os riscos para a saúde. Além disso, a análise com recurso a SIG facilita a consideração de múltiplos critérios, incluindo a viabilidade económica, a aceitação pela comunidade e a sustentabilidade a longo prazo, assegurando, em última análise, um processo de seleção bem informado que equilibra interesses e prioridades concorrentes.

A localização das instalações de eliminação de resíduos sólidos tem-se tornado cada vez mais difícil devido à crescente ambiental, à diminuição do financiamento governamental e municipal e à intensificação da oposição política e social. Além disso, o aumento da população, as preocupações acrescidas com a saúde pública e a escassez de terrenos disponíveis para a construção de instalações de eliminação de resíduos sólidos agravaram os desafios. Neste contexto, os factores ambientais assumem uma importância primordial na localização da eliminação de resíduos sólidos, uma vez que negligenciar estas considerações pode ter consequências de grande alcance para o ambiente biofísico e os ecossistemas circundantes. Para mitigar estes riscos, as técnicas de ponta que combinam a Análise de Decisão com Critérios Múltiplos (MCDA) e os Sistemas de Informação Geográfica (GIS) surgiram como ferramentas valiosas para a seleção de locais. Estas abordagens inovadoras permitem aos decisores avaliar a adequação de potenciais locais com base índice de adequação abrangente, facilitando uma classificação inicial das áreas mais viáveis (Mohammed et al., 2014). Ao integrar a MCDA e o SIG, as partes interessadas podem avaliar sistematicamente diversos factores, incluindo a sensibilidade hidrológica, a estabilidade geológica, a fragilidade ecológica e a proximidade de zonas residenciais, para identificar os locais ideais que equilibram a sustentabilidade ambiental, as preocupações com a saúde pública e a viabilidade económica. Este processo de avaliação rigoroso garante que as instalações de eliminação de resíduos sólidos são localizadas em áreas que minimizam os danos ecológicos, atenuam os riscos para a saúde e se alinham com os valores da comunidade.

O processo de seleção de locais adequados para a eliminação de resíduos sólidos sanitários exige uma avaliação exaustiva e rigorosa para identificar o melhor local de eliminação disponível, tendo em conta numerosos factores e partes interessadas. Consequentemente, a seleção de locais de eliminação de resíduos sólidos requer o processamento e a integração de dados espaciais extensos, requisitos regulamentares e critérios de aceitação, bem como correlações eficientes entre eles. Neste contexto, os Sistemas de Informação Geográfica (SIG) surgiram como uma ferramenta crucial no domínio da seleção de locais de eliminação de resíduos sólidos, permitindo a gestão eficaz de grandes volumes de dados espaciais provenientes de diversas fontes. As capacidades do SIG fazem dele uma plataforma ideal para estudos preliminares, permitindo a incorporação de múltiplos factores, incluindo considerações ambientais, sociais, económicas e regulamentares. Em particular, a integração do SIG com o Processo de Hierarquia Analítica (AHP) provou ser uma solução potente para a seleção de locais de eliminação de resíduos sólidos, uma vez que o SIG facilita a manipulação e apresentação eficientes de dados, enquanto o AHP fornece uma classificação consistente de potenciais áreas de eliminação com base numa variedade de critérios, assegurando um processo de tomada de decisões sistemático e informado. Ao utilizar o SIG e o AHP, os decisores podem avaliar e dar prioridade aos locais com base em factores como a proximidade de fontes de água, padrões de utilização do solo, estabilidade geológica, sensibilidade ambiental e impactos sociais e económicos. Esta abordagem integrada permite a identificação de locais de eliminação óptimos, minimizando os riscos ambientais e sociais e assegurando práticas sustentáveis de gestão de resíduos sólidos. Debishere et al., (2014) salientaram que a combinação SIG-AHP demonstrou um potencial significativo na resolução dos desafios de seleção de locais de eliminação de resíduos sólidos, oferecendo uma metodologia fiável e eficaz para as partes interessadas. A seleção de locais adequados para a eliminação de resíduos sólidos em áreas urbanas representa um desafio crítico devido ao seu profundo impacto na economia regional e na saúde ambiental, necessitando de uma consideração meticulosa de numerosos factores e critérios. O processo envolve etapas complexas, incluindo a seleção do local e a preparação dos locais de eliminação de resíduos sólidos, que exigem uma avaliação precisa para minimizar as consequências adversas. Nomeadamente, a proximidade de locais de eliminação de resíduos sólidos de zonas residenciais ou de locais de trabalho pode ter resultados devastadores, causando potencialmente danos irreparáveis a vida humana e apresentando riscos significativos para o ambiente e a saúde. Se os locais de eliminação de resíduos sólidos estiverem situados perto de zonas povoadas, podem conduzir a riscos acrescidos de poluição do ar e da água, contaminação do solo e odores desagradáveis, comprometendo, em última análise, a qualidade de vida dos residentes nas proximidades. Além disso, a localização dos locais de deposição de resíduos sólidos pode também influenciar os valores das propriedades, o desenvolvimento económico local e o bem-estar da comunidade, sublinhando a necessidade de um planeamento e análise cuidadosos. Seiied (2015) sublinhou que a seleção cuidadosa e a localização das instalações de eliminação de resíduos sólidos são cruciais para mitigar estes riscos e garantir a sustentabilidade a longo prazo dos ambientes urbanos, exigindo uma avaliação abrangente de factores como a densidade populacional, os padrões de utilização do solo, a estabilidade geológica, a sensibilidade ambiental e considerações sociais e económicas.

2.5 Práticas globais para critérios de seleção de locais de eliminação de resíduos sólidos

A nível internacional, a construção de instalações de eliminação de resíduos sólidos requer uma abordagem multifacetada, incorporando considerações ambientais, económicas, sociais e técnicas para garantir práticas de gestão de resíduos sustentáveis e responsáveis. Os projectistas de instalações de eliminação de resíduos sólidos dão prioridade à viabilidade do local, reconhecendo que a viabilidade comercial e ambiental estão indissociavelmente ligadas. Para atingir este duplo objetivo, as instalações de eliminação de resíduos sólidos devem ser construídas de acordo com regras, regulamentos, factores e restrições específicos que variam espacial e temporalmente, reflectindo as diferenças regionais e nacionais. Estas diretrizes sensíveis em termos espaciais e temporais abrangem uma série de factores críticos, incluindo a geomorfologia, o valor do terreno, o declive, a proximidade de áreas recreativas, considerações hidrológicas e a sensibilidade ecológica salientada por Erkut & Moran (1991). Além disso, os projectistas devem considerar a estabilidade geológica, o clima, os padrões de utilização do solo, as infra-estruturas de transporte, a aceitação da comunidade e as nuances culturais, que influenciam significativamente a adequação do local. Ao integrar estes diversos factores, os decisores políticos e os profissionais podem assegurar que as instalações de eliminação de resíduos sólidos sejam concebidas, construídas e geridas de forma a equilibrar a viabilidade económica com a gestão ambiental e a responsabilidade social, atenuando, em última análise, os impactos ecológicos, minimizando os riscos para a saúde e optimizando os benefícios económicos.

A eliminação deliberada de resíduos em fontes pontuais, incluindo aterros de resíduos sólidos, fossas sépticas, poços de injeção e poços de drenagem de águas pluviais, representa uma ameaça significativa para a qualidade das águas subterrâneas nos aquíferos subjacentes. Consequentemente, um planeamento e gestão cuidadosos são cruciais para mitigar os potenciais riscos de contaminação. Especificamente, a eliminação de resíduos nunca deve ocorrer abaixo do lençol freático, onde pode facilmente contaminar as águas subterrâneas, nem deve ser permitida a entrada ou saída de águas paradas ou de escoamento superficial local, uma vez que tal pode facilitar o transporte de poluentes. Além disso, os resíduos enterrados devem permanecer acima do nível mais alto do lençol freático sazonal, mesmo após a cobertura final do local, para evitar a migração de lixiviados para as águas subterrâneas. No entanto, com uma conceção e operação meticulosas do local, os resíduos sólidos podem ser eliminados em praticamente qualquer local sem comprometer a qualidade das águas subterrâneas, desde que sejam seguidas diretrizes rigorosas. Schneider

(1985) salienta que estratégias eficazes de gestão de resíduos podem minimizar os riscos de poluição das águas subterrâneas, assegurando a sustentabilidade a longo prazo dos aquíferos e protegendo a saúde humana e os ecossistemas. Através da implementação de protocolos operacionais e de conceção robustos, as instalações de eliminação de resíduos podem ser concebidas para evitar a migração de contaminantes, salvaguardando os recursos hídricos subterrâneos para as gerações futuras. A sua importância resulta do seu impacto no escoamento superficial, na taxa de precipitação e na deslocação da água, factores que afectam a viabilidade do local potencial. Além disso, o declive influencia os custos de construção, tornando-o uma consideração vital na seleção do local . A investigação sublinha a importância de evitar áreas com depressões, terreno instável e declives acentuados, uma vez que estes podem levar à contaminação das águas subterrâneas e comprometer as fontes de água potável. Da mesma forma, as caraterísticas topográficas criadas pelo homem, como pedreiras profundidades e vales estreitos, não são adequadas para a eliminação de resíduos sólidos devido ao seu potencial de risco ambiental. Por outro lado, os declives suaves reduzem os custos de construção em comparação com as zonas de declive acentuado Tsegaye (2006). Idealmente, as colinas planas e suavemente onduladas, não afectadas por inundações, constituem o terreno mais adequado para a de resíduos sólidos. No entanto, estas caraterísticas topográficas também as tornam atractivas para utilizações alternativas do solo, incluindo a agricultura, o desenvolvimento residencial e comercial, aumentando os preços dos terrenos e limitando potencialmente a disponibilidade, como observado por Basak (2004). Este estudo revelou que os declives modestos são mais adequados para a eliminação de resíduos sólidos do que as áreas com terreno plano ou íngreme, salientando a importância da topografia na atenuação da poluição ambiental. O tipo e a gravidade da poluição gerada pelos locais de eliminação de resíduos sólidos estão diretamente relacionados com a natureza dos resíduos e com os métodos de eliminação utilizados. Os lixiviados provenientes de lixeiras a céu aberto e de instalações de eliminação de resíduos sólidos sanitários contêm normalmente uma mistura complexa de contaminantes biológicos e químicos. Durante o processo de decomposição, a matéria orgânica sofre uma transformação aeróbia, produzindo dióxido de carbono que se combina com a água de lixiviação para formar ácido carbónico. Este composto ácido reage depois com os metais presentes nos resíduos e nos materiais calcários do solo e das rochas, conduzindo a um aumento da dureza da água e a consequências ambientais potencialmente nefastas. Schneider (1985) refere que esta interação química pode ter efeitos profundos na qualidade das águas subterrâneas, sublinhando a necessidade de uma seleção cuidadosa dos locais, de estratégias sólidas de gestão dos resíduos e de medidas eficazes de controlo dos lixiviados para evitar a contaminação e salvaguardar a saúde ambiental. A exploração de instalações de eliminação de resíduos sólidos apresenta inerentemente um risco de geração de fumos tóxicos e de poluição atmosférica, principalmente através da formação de poeiras durante os processos de manuseamento dos resíduos. Embora a natureza dos resíduos em si possa não emitir inerentemente gases nocivos, a manipulação e o processamento dos resíduos nas instalações de eliminação podem libertar partículas para a atmosfera. Além disso, os padrões de vento predominantes influenciam significativamente a dispersão destes poluentes, colocando as comunidades a jusante da instalação em risco acrescido de exposição. Especificamente, as aldeias ou áreas residenciais situadas num raio de um quilómetro a jusante do local são particularmente vulneráveis aos impactos da poluição atmosférica, uma vez que as poeiras e fumos tóxicos podem ser transportados pelas correntes de vento, comprometendo a qualidade do ar local e prejudicando potencialmente a saúde humana. Schneider (1985) salienta que a consideração cuidadosa da direção do vento e da proximidade de áreas povoadas é crucial na localização de instalações de eliminação de resíduos sólidos para atenuar os efeitos adversos no ambiente e na saúde. Medidas eficazes de controlo de poeiras, seleção estratégica do local e monitorização contínua da qualidade do ar são essenciais para minimizar os riscos associados às operações de eliminação de resíduos sólidos.

2.6 Práticas etíopes para a seleção de locais de eliminação de resíduos sólidos Critérios

Na Etiópia, os critérios de seleção dos locais de eliminação de resíduos sólidos variam entre os investigadores, influenciados por factores como os objectivos do estudo, a disponibilidade de dados e as condições locais. Apesar destas variações, certos critérios comuns são consistentemente utilizados por académicos e instituições para identificar locais adequados. Uma abordagem abrangente considera múltiplos factores, incluindo avaliações comparativas do local, potencial para sistemas de engenharia para atenuar as deficiências do local, métodos operacionais propostos e preocupações socioculturais. Para minimizar os riscos ambientais associados à eliminação de resíduos sólidos, deve ser dada especial atenção às questões críticas e às potenciais falhas relacionadas com a geologia, a hidrogeologia, a hidrologia de superfície e a estabilidade do local, tal como salientado pela DPIWE (2004, como citado em Genemo & Yohannis, 2015). Especificamente, os principais factores que influenciam a seleção do local nas cidades etíopes incluem a distância das áreas protegidas, o gradiente de inclinação, a proximidade da povoação, os padrões de utilização/cobertura do solo, a proximidade de rios e lagos e a acessibilidade através das estradas principais ao local de despejo de resíduos sólidos, conforme identificado por Tirusew (2013).

Para além disso, outras considerações cruciais incluem a densidade populacional, a profundidade do lençol freático, o tipo de solo e a topografia local, todos eles com impacto na sustentabilidade ambiental e social dos locais de eliminação de resíduos sólidos. Ao integrar estes factores, os decisores políticos e os profissionais podem assegurar a localização responsável das instalações de eliminação de resíduos sólidos, atenuando os potenciais riscos ambiental e promovendo a saúde e o bem-estar públicos. A eliminação de resíduos sólidos através de aterros sanitários é uma técnica meticulosamente concebida para garantir a eliminação final de resíduos sólidos no solo sem colocar riscos para a saúde pública, a segurança ou a sustentabilidade ambiental, tanto durante o funcionamento como após o encerramento. Este método utiliza princípios de engenharia para minimizar a pegada de resíduos, empregando coberturas de terra diárias e compactação para reduzir o volume de resíduos em até 90%. Para identificar locais adequados para aterros sanitários, é essencial uma abordagem sistemática, começando com cálculos preliminares para determinar a área total necessária. As etapas subsequentes envolvem a delimitação do perímetro das zonas rurais, industriais e de conservação dentro do município, seguida de um levantamento exaustivo dos locais disponíveis dentro destes limites, dando prioridade aos terrenos de propriedade municipal com dimensões compatíveis e sem restrições de zonamento ou de utilização do solo. Uma avaliação mais aprofundada implica a determinação da propriedade do local e a análise de documentos pertinentes, conforme descrito por MET et al. (2008). Além disso, este rigoroso processo de seleção de locais considera factores como as condições hidrogeológicas, a proximidade de fontes de água, a sensibilidade ecológica e a aceitação da comunidade, assegurando que o local escolhido optimiza a eficiência da gestão de resíduos, minimizando os impactos ambientais e sociais. A identificação e caraterização eficazes do local são fundamentais para o sucesso a longo prazo das operações de aterros sanitários, exigindo um planeamento meticuloso e o envolvimento das partes interessadas.

2.7 Práticas de eliminação de resíduos sólidos em Gondar Town

2.7.1 Eliminação de resíduos sólidos dos agregados familiares Práticas

As práticas de eliminação de resíduos sólidos nos agregados familiares da cidade de Gondar são alarmantemente inadequadas, sendo os serviços de recolha porta-a-porta lamentavelmente insuficientes em termos de cobertura espacial e de eficiência. Consequentemente, a maioria dos agregados familiares tem apenas duas opções indesejáveis para gerir os seus resíduos sólidos. A primeira envolve a eliminação incorrecta no interior dos seus edifícios, incluindo a queima, ocultação ou despejo de resíduos, enquanto a segunda implica a eliminação indiscriminada em espaços públicos, tais como bermas de estradas, campos abertos, rios próximos, pontes e valas. Para obter informações sobre as práticas predominantes de eliminação de resíduos sólidos e determinar o destino dos resíduos não recolhidos, este estudo inquiriu os agregados familiares da amostra sobre os seus métodos de eliminação de rotina. Os resultados revelam uma necessidade premente de melhorar as infra-estruturas e os serviços de gestão de resíduos, uma vez que as famílias não têm acesso a opções de eliminação fiáveis e sustentáveis. Esta deficiência não só prejudica a saúde ambiental, como também representa riscos significativos para a saúde pública, a segurança e a qualidade de vida. As estratégias eficazes de gestão de resíduos sólidos devem dar prioridade às intervenções ao nível dos agregados familiares, à educação e ao envolvimento da comunidade para mitigar os impactos adversos das práticas de eliminação inadequadas e promover um ambiente mais limpo e saudável na cidade de Gondar.

2.7.2 Situação atual e gestão da eliminação de resíduos sólidos Site

A gestão eficaz dos resíduos sólidos exige a eliminação dos resíduos num local adequado, o que realça a importância crítica da seleção e gestão adequadas do local (Cunningham, 2008). Lamentavelmente, o local de eliminação de resíduos sólidos de Ayira, na cidade de Gondar, está muito aquém dos padrões aceitáveis revelando práticas de gestão deficientes. A seleção ideal do local de aterro envolve uma avaliação abrangente de factores como a topografia, o declive, a permeabilidade, a hidrologia, a acessibilidade, a proximidade de usos incompatíveis do solo e a aceitação pela comunidade local. Nomeadamente, a lixeira de Ayira, na cidade de Gondar, preenche ostensivamente estes critérios, possuindo caraterísticas adequadas, incluindo uma localização favorável, um declive moderado e uma distância adequada de utilizações sensíveis do solo. No entanto, apesar destas vantagens, a gestão operacional do local continua a ser deficiente, o que realça a necessidade de melhorar as práticas de eliminação de resíduos, melhorar as infra-estruturas e envolver a comunidade para mitigar os riscos ambientais e para a saúde. Uma abordagem holística da gestão de resíduos sólidos na cidade de Gondar deve dar prioridade à modernização do local, ao reforço das capacidades e ao envolvimento das partes interessadas, para garantir que o local de eliminação de Ayira funciona de acordo com as normas internacionalmente aceites.

2.8 Papel do Sensoriamento Remoto e do SIG na Gestão de Resíduos Sólidos

2.8.1 Aplicação da Deteção Remota para o Local de Eliminação de Resíduos Sólidos Seleção

A tecnologia de teledeteção desempenha um papel fundamental na gestão dos resíduos sólidos, nomeadamente na seleção dos melhores locais de eliminação. A deteção remota é definida como a disciplina científica que consiste em obter informações sobre um objeto, uma área ou um fenómeno através da análise de dados obtidos por sensores que não estão em contacto direto com o alvo da investigação (Lillesand et al., 2004, como citado em Kumel, 2014). O advento de dados obtidos por deteção remota a partir de diversos sensores em várias plataformas, oferecendo um amplo espetro de resoluções espácio-temporais, radiométricas e espectrais, estabeleceu a deteção remota como uma fonte de dados de primeira ordem para aplicações de grande escala e esforços de investigação (Assefa et al., 2007). O aproveitamento das capacidades de teledeteção permite a identificação e avaliação eficientes de potenciais locais de eliminação, tendo em conta factores críticos como a ocupação do solo, a utilização do solo, a topografia, a hidrologia e a sensibilidade ambiental. Ao integrar os dados de deteção remota com os Sistemas de Informação Geográfica

(SIG), os investigadores e profissionais podem analisar e visualizar relações espaciais complexas, efetuar avaliações de aptidão e dar prioridade aos locais ideais para a eliminação de resíduos sólidos. Esta sinergia de deteção remota e SIG facilita a tomada de decisões informadas, aumenta a precisão da seleção de locais e simplifica o processo de gestão de resíduos sólidos, contribuindo, em última análise, para práticas de eliminação de resíduos mais sustentáveis e ambientalmente responsáveis.

Nos últimos anos, as técnicas de processamento e análise de imagem de ponta revolucionaram a investigação ambiental, com a deteção remota a emergir como uma ferramenta vital na abordagem dos desafios ecológicos. Uma das aplicações mais significativas da teledeteção é, nomeadamente, a seleção optimizada de locais de eliminação de resíduos sólidos, em que as imagens de satélite desempenham um papel crucial na extração dos principais critérios de seleção de locais. Oštir et al. (2003) sublinharam que os dados de deteção remota facilitam o mapeamento preciso de factores críticos, incluindo padrões de utilização/cobertura do solo, formações geológicas, massas de água de superfície e outras caraterísticas ambientais. Ao tirar partido das imagens de satélite, os investigadores podem identificar potenciais locais de eliminação, avaliar a sua adequação e dar prioridade a áreas para avaliação posterior. Esta integração da deteção remota e da análise espacial permite a tomada de decisões informadas reduz os riscos ambientais e simplifica o processo de gestão de resíduos sólidos Além disso, a tecnologia de deteção remota oferece benefícios inigualáveis incluindo a relação custo-eficácia, maior precisão e melhor cobertura temporal e espacial, o que a torna um recurso indispensável na busca de soluções sustentáveis para a eliminação de resíduos sólidos.

2.8.2 Aplicação de SIG para o local de eliminação de resíduos sólidos Seleção

A aplicação de Sistemas de Informação Geográfica (SIG) na seleção de locais de eliminação de resíduos sólidos aumenta significativamente a eficiência e a precisão do processo, reduzindo simultaneamente os custos e o tempo. Os SIG são uma ferramenta poderosa, fornecendo um banco de dados digital abrangente para a futura monitorização e gestão do local selecionado. Ao tirar partido das capacidades do SIG, as partes interessadas podem avaliar sistematicamente os potenciais locais em função dos requisitos técnicos, sobrepondo mapas temáticos para identificar as melhores localizações para a eliminação de resíduos sólidos (Akbari et al., 2008). Esta abordagem analítica espacial permite a rápida eliminação de parcelas de terreno inadequadas, restringindo a pesquisa a áreas que satisfazem critérios pré-determinados, racionalizando assim o processo de localização e minimizando os custos (Chang et al., 2007). Além disso, o SIG facilita a análise de decisões multicritério, integrando factores como a sensibilidade ambiental, a hidrologia, a geologia e as considerações socioeconómicas para garantir a seleção de um local que equilibre a viabilidade técnica com a aceitação da comunidade e a sustentabilidade ambiental. Ao aproveitar o poder analítico do SIG, os decisores podem fazer escolhas informadas e baseadas em dados, mitigando os riscos e garantindo a viabilidade a longo prazo dos locais de eliminação de resíduos sólidos.

Um dos principais benefícios dos Sistemas de Informação Geográfica (SIG) reside na sua excecional capacidade de facilitar a seleção de locais para a eliminação de resíduos sólidos, um processo complexo, fastidioso e dispendioso que exige uma consideração meticulosa de múltiplos critérios ambientais, sociais e económicos. A identificação de um local adequado para a construção de uma instalação de eliminação de resíduos sólidos exige uma avaliação abrangente e pormenorizada de vastas áreas, avaliando uma multiplicidade de factores, incluindo condições hidrológicas, geológicas e ecológicas, bem como preocupações socioeconómicas e comunitárias (Chang et al., 2007). Este processo complexo exige a análise simultânea de diversos conjuntos de dados, o que faz do SIG uma ferramenta indispensável para racionalizar o processo de seleção de locais. Ao tirar partido das capacidades do SIG, as partes interessadas podem avaliar e dar prioridade a potenciais locais de forma eficiente, mitigando os riscos ambientais, minimizando os custos e assegurando a conformidade com os requisitos regulamentares. Além disso, o SIG permite a integração de análise espacial, cartografia e ferramentas de apoio à decisão, capacitando os decisores para fazerem escolhas informadas e baseadas em dados que equilibram interesses concorrentes e optimizam os resultados da gestão de resíduos sólidos.

3. ÁREA DE ESTUDO

3.1 Localização

A cidade de Gondar, situada na região noroeste da Etiópia, fica a cerca de 727 quilómetros a noroeste da capital, Adis Abeba. Situada a uma altitude de 2.300 metros (7.500 pés) numa crista basáltica, a topografia da cidade é caracterizada por riachos que ladeiam a cidade e correm para sul até ao Lago Tana, situado a 34 quilómetros de distância. Geograficamente, a área de estudo estende-se entre 12o 29' 45" e 12o 31' 29" de latitude norte e 37o 23' 52" e 37o 30' 11" de longitude leste, abrangendo uma área extensa de aproximadamente 310 quilómetros quadrados (Fig. no 3.1). Esta localização estratégica posiciona a cidade de Gondar num contexto ambiental único, com a proximidade do Lago Tana a influenciar a hidrologia e os ecossistemas locais. O terreno elevado da cidade, associado à sua fundação basáltica, apresenta caraterísticas geológicas e ecológicas distintas que merecem ser consideradas no planeamento urbano e na gestão ambiental.

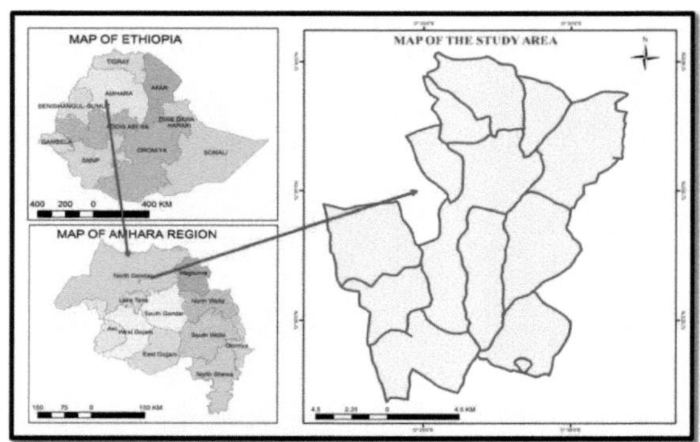

Figura no. 3.1: Mapa de localização da área de estudo

3.2 Topografia

A topografia de Gondar distingue-se por um terreno inclinado, intrincadamente dissecado por uma rede de rios que se originam nas montanhas ocidentais e correm para sudeste, convergindo finalmente com o rio Angereb. Cursos de água proeminentes, incluindo os rios Angereb, Keha, Dimaza e Shinta, atravessam a cidade, moldando a sua paisagem e influenciando a hidrologia local. O tecido topográfico de Gondar é ainda caracterizado por colinas dispersas, vales e formas de relevo extensivamente erodidas, que coletivamente compreendem uma parte significativa da geografia da cidade. Este terreno variado cria uma paisagem dinâmica de elevações irregulares, desde planícies suavemente inclinadas a encostas íngremes, com implicações para o planeamento urbano, drenagem e gestão ambiental. A topografia única da cidade também sublinha a importância de práticas sustentáveis de utilização dos solos, medidas de controlo da erosão e estratégias de gestão das bacias hidrográficas para mitigar os riscos associados a inundações, deslizamentos de terras e degradação dos solos.A topografia única de Gondar influencia significativamente a trajetória de desenvolvimento da cidade, exercendo um impacto profundo na sua expansão espacial e morfologia urbana. Nomeadamente, o padrão de crescimento natural da cidade é ditado pelo seu terreno, com a estrada principal de asfalto que liga Gondar a Adis Abeba a servir de eixo linear para a expansão, principalmente ao longo do seu lado esquerdo. Embora o padrão de povoamento de Gondar se estenda de nordeste para sudoeste numa faixa linear ao longo desta via principal, as suas caraterísticas topográficas fragmentam a cidade em secções distintas e desarticuladas. Especificamente, emergem quatro áreas discerníveis: O núcleo de Gondar, que compreende aproximadamente três quartos da área total da cidade, serve de centro. A área de Addis Alem, separada do núcleo de Gondar por uma encosta relativamente íngreme, forma um nó secundário distinto. Além disso, a zona de Azezo está subdividida em duas secções distintas, isoladas do núcleo de Gondar pelos imponentes cumes dos montes Maraki e Genfo Quch. Esta divisão topográfica não só molda a disposição física da cidade como também influencia a sua dinâmica socioeconómica, o desenvolvimento de infra-estruturas e as estratégias de planeamento urbano, sublinhando a necessidade de abordagens adaptadas e sensíveis ao contexto para o crescimento e desenvolvimento de Gondar.

3.3 Clima

O clima de Gondar é caracterizado por condições notavelmente confortáveis, com temperaturas e padrões de precipitação óptimos. De acordo com os dados da Autoridade Meteorológica da Etiópia (2006), a área de estudo goza de uma temperatura média anual agradável de 21°C, o que a torna um local atrativo tanto para os residentes como para os visitantes. Além disso, a precipitação da região é substancial, com uma precipitação média anual que varia entre 1100 e 1300 milímetros, garantindo a humidade adequada para as actividades agrícolas e mantendo a exuberante vegetação da área. Este clima favorável contribui significativamente para o equilíbrio ecológico de Gondar, apoiando a biodiversidade e facilitando o desenvolvimento sustentável. A temperatura moderada e o regime de precipitação também têm um impacto positivo nas infra-estruturas da cidade, reduzindo a necessidade de medidas elaboradas de controlo do clima e permitindo um planeamento urbano eficiente.

3.4 Demografia

Gondar, o epicentro da atividade política e económica na região de Amhara do Norte da Etiópia, possui uma população substancial e uma infraestrutura administrativa robusta. Sendo a principal cidade da Zona Norte de Gondar, Gondar está estrategicamente dividida em 12 subcidades administrativas, cada uma equipada com os seus próprios órgãos legislativo, executivo e judicial, garantindo uma governação eficaz e autonomia local. De acordo com o Recenseamento Nacional da População e da Habitação de 2007, a cidade conta com 50.817 unidades habitacionais, o que sublinha a sua importância como grande centro urbano. A população de Gondar tem registado um crescimento notável, com a Agência Central de Estatística (CSA) a projetar uma população de 323 875 habitantes em 2015 e um novo aumento para 360 600 em 2017. Esta rápida expansão solidifica a posição de Gondar como um dos maiores centros urbanos da Etiópia, apresentando oportunidades de desenvolvimento económico, intercâmbio cultural e progresso social. Como centro regional, as tendências demográficas de Gondar têm implicações de grande alcance para o planeamento urbano, o desenvolvimento de infra-estruturas e a prestação de serviços essenciais.

3.5 Economia

Empoleirada no topo de um planalto central, Gondar oferece um panorama deslumbrante da cordilheira circundante e da paisagem luxuriante e em mosaico dos campos de cultivo abaixo. O passado histórico da cidade como epicentro comercial é evidente nos seus imponentes castelos, que são testemunhos do seu significado histórico. Tradicionalmente, o comércio tem sido a força vital da economia de Gondar, com antigas rotas comerciais revitalizadas para ligar a cidade ao Mar Vermelho e ao mercado global. Apelidada de "a metrópole do comércio", Gondar serviu durante muito tempo como o nexo do comércio de importação-exportação da Etiópia, canalizando mercadorias através dos seus movimentados mercados e redes de distribuição. Atualmente, a cidade continua a ser um centro de comércio vital, sendo os cereais, as sementes oleaginosas e o gado os principais produtos. A economia da área circundante é caracterizada pela agricultura de subsistência, enquanto os artesãos qualificados de Gondar produzem uma série de bens, incluindo têxteis requintados, jóias intrincadas, artigos de cobre finamente trabalhados e trabalhos em couro flexível. Estrategicamente localizada no cruzamento das principais auto-estradas e servida por um aeroporto conveniente, a conetividade de Gondar facilita o fluxo de mercadorias, serviços e turistas, consolidando a sua posição como um próspero centro comercial no noroeste da Etiópia.

4. MATERIAIS E MÉTODOS

4.1 Recolha de dados e Metodologia

Este estudo abrangente utilizou uma abordagem dupla, tirando partido de fontes de dados primárias e secundárias para garantir uma investigação sólida e completa. Os dados primários foram recolhidos através de meticulosos inquéritos e observações no terreno, proporcionando uma visão em primeira mão da área de investigação. Por outro lado, os dados secundários foram obtidos a partir de uma vasta gama de materiais, incluindo artigos de investigação académica, livros, revistas, dados de recenseamento, relatórios de várias instituições governamentais e outros documentos relevantes. Os principais conjuntos de dados utilizados neste estudo incluíram imagens de satélite ETM+ SPOT 5 de alta resolução (com uma resolução espacial de 1 metro), o plano diretor da cidade e um mapa topográfico detalhado.

Tabela no. 4. 1: Fontes de dados e software utilizado

Dados utilizados	Dados primários - Obtidos a partir do levantamento de campo e da observação do local Dados secundários - obtidos de diferentes fontes, tais como materiais publicados e não publicados. Dados de satélite - Imagem de satélite SPOT 5 Modelo Digital de Elevação (SRTM DEM) Mapa topográfico Plano Diretor da cidade
Software utilizado	ArcGIS 10, ERDAS IMAGINE 10
Instrumentos de campo	GPS, câmara digital

Para otimizar a precisão e a fiabilidade dos dados de satélite, foram realizadas várias operações de pré-processamento, incluindo a correção radiométrica, o restauro da imagem e a retificação geométrica. Estas melhorias técnicas permitiram ao investigador aperfeiçoar a análise da imagem SPOT-5 e efetuar uma análise rigorosa da seleção do local adequado utilizando software de

Sistemas de Informação Geográfica (SIG). Ao integrar estas diversas fontes de dados e ao empregar técnicas avançadas de

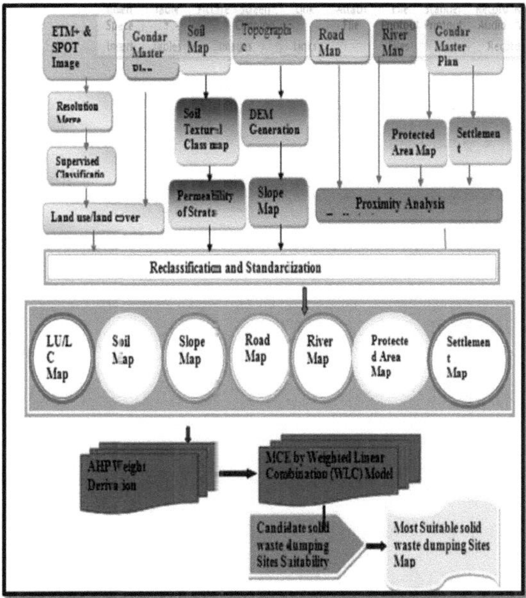

Figura no. 4.1: Fluxograma da Metodologia

Através de técnicas analíticas, este estudo teve como objetivo proporcionar uma compreensão matizada da área de investigação, informando, em última análise, a tomada de decisões e o desenvolvimento de políticas com base em dados concretos.

4.2 Aplicação da análise de decisão multicritério para a seleção óptima do local de descarga de resíduos sólidos

Este estudo utilizou uma técnica rigorosa de análise de decisão multicritério (MCDA) para identificar sistematicamente o local de descarga de resíduos sólidos mais adequado. As abordagens MCDA têm-se revelado instrumentais na racionalização do processo de seleção de locais, reduzindo significativamente os custos e as despesas de tempo através da redução das opções potenciais com base em critérios cuidadosamente definidos e prioridades ponderadas (Higgs, 2006). Ao utilizar a MCDA, os investigadores podem avaliar objetivamente diversos factores, atribuir uma importância relativa a cada critério e realizar análises de sensibilidade para validar a robustez dos resultados. Este quadro metodológico permite que os decisores avaliem exaustivamente compromissos e incertezas complexos, informando, em última análise, decisões baseadas em factos.

A técnica MCDA utilizada neste estudo permitiu a integração de múltiplos factores, incluindo considerações ambientais, sociais, económicas e técnicas, para determinar o local ideal para a eliminação de resíduos sólidos. Ao aplicar esta abordagem estruturada de tomada de decisões, a investigação visou minimizar potenciais conflitos, mitigar os impactos ambientais e assegurar a sustentabilidade a longo prazo do local selecionado.

4.3 Mapeamento da seleção de locais de eliminação de resíduos sólidos: Uma abordagem de avaliação multi-critério

O mapeamento da seleção do local de eliminação de resíduos sólidos foi realizado através de um processo rigoroso de avaliação multicritério (MCE), incorporando um quadro hierárquico para sintetizar diversos factores num único mapa de resultados abrangente ou índice de avaliação (Wiley and Sons, 2009). Esta metodologia implicou a criação de várias camadas, cada uma representando um fator crítico que influencia a adequação do sítio. Para garantir uma avaliação objetiva, foram atribuídos pesos a cada fator através de uma série sistemática de comparações entre pares, avaliando a sua importância relativa na determinação da aptidão do pixel. O processo de derivação de pesos foi baseado no Processo de Hierarquia Analítica (AHP) desenvolvido por Saaty (1977), um quadro de tomada de decisões amplamente reconhecido. O AHP facilitou o estabelecimento da importância relativa entre critérios, permitindo uma compreensão matizada das suas inter-relações e significado hierárquico. Posteriormente, o método da combinação linear ponderada (WLC), elogiado pela sua flexibilidade e facilidade de utilização (Malczewski, 2006), foi utilizado para a agregação de factores. Esta abordagem permitiu a integração perfeita de múltiplos critérios, produzindo um quadro de avaliação coeso.

Para garantir uma classificação exacta, foram calculadas distâncias lineares para cada fator no tamanho máximo, proporcionando uma base sólida para a análise espacial. Ao utilizar o MCE e o AHP, este estudo assegurou uma abordagem sistemática e baseada em provas para a seleção de locais de eliminação de resíduos sólidos, mitigando potenciais enviesamentos e optimizando a adequação dos locais.

4.4 Classificação e reclassificação de camadas para análise de aptidão

Para facilitar uma análise abrangente da adequação, foram efectuadas classificações em várias camadas temáticas, com valores atribuídos que variam entre "mais inadequado" e "altamente adequado". Posteriormente, foi empregue um sistema de reclassificação padronizado, em que as camadas foram classificadas utilizando um quadro de pontuação de 1-4. Esta estrutura designou 1 como "não adequado", 2 como "menos adequado", 3 como "moderadamente adequado" e 4 como "altamente adequado", após cálculos de distância. Este sistema de classificação matizado permitiu uma avaliação precisa dos limiares de adequação. Os critérios subjacentes a este sistema de classificação foram informados por uma análise exaustiva da literatura relevante, assegurando o alinhamento com as normas estabelecidas e as recomendações de peritos. Ao adotar esta abordagem estruturada, o estudo assegurou uma metodologia sistemática e reprodutível para avaliar a adequação, aumentando assim a fiabilidade e a validade dos resultados.

4.5 Comparação entre pares e cálculo de pesos: Garantir a coerência e a objetividade

Para estabelecer pesos objectivos para os critérios, procedeu-se uma comparação sistemática entre pares, obtendo-se uma matriz de comparação que facilitou a avaliação das relações entre os critérios. Esta matriz foi preenchida com valores que vão de 1 a 9 e fracções recíprocas (1/9 a 1/2), representando a importância relativa de cada fator em relação ao seu homólogo. Especificamente, as pontuações foram atribuídas da seguinte forma: 1 (importância igual), 3 (importância moderada), 5 (importância forte), 7 (importância muito forte) e 9 (importância extrema), com os valores recíprocos correspondentes denotando menor importância. Para garantir a consistência e a coerência lógica, a matriz obedeceu aos seguintes princípios (i) a auto-comparação produziu uma pontuação de 1 (igual importância), e (ii) as comparações recíprocas mantiveram relações inversas (por exemplo, se x recebeu uma pontuação de 5 contra y, y recebeu uma pontuação de 1/5 contra x). Os cálculos subsequentes envolveram a soma dos pesos das colunas, a normalização dos elementos da matriz dividindo cada valor pela soma da respectiva coluna e o cálculo das médias das linhas.

Para verificar a coerência das comparações dos decisores, foi calculado o rácio de coerência (RC). Um RC≤ 0,10 indicava uma matriz recíproca aceitável, enquanto os valores superiores a 0,10 assinalavam potenciais inconsistências. Os pesos obtidos através deste método representam as médias de todos os pesos possíveis, fornecendo uma base sólida para a análise de decisão multicritério.

5. RESULTADOS E DISCUSSÃO

Este capítulo fornece uma análise aprofundada dos diversos conjuntos de dados utilizados na identificação de locais óptimos para a eliminação de resíduos sólidos, com ênfase específica na determinação de uma localização adequada para a cidade de Gondar. Para atingir este objetivo, o estudo utilizou uma combinação de Sistemas de Informação Geográfica (SIG) e o método do Processo Hierárquico Analítico (AHP), uma abordagem de tomada de decisões com vários critérios conhecida pela sua eficácia na avaliação de problemas espaciais complexos. Sete critérios críticos de adequação foram cuidadosamente identificados e integrados na análise, abrangendo:

1. Distância das principais estradas, garantindo a acessibilidade e minimizando os custos de transporte

2. Proximidade de rios, tendo em conta os potenciais impactos ambientais

3. do solo, tendo em conta a sensibilidade ecológica

4. Declive, tendo em conta os condicionalismos topográficos

5. Áreas protegidas, salvaguardando as prioridades de conservação

6. Tipo de solo, avaliação da estabilidade geológica

7. Proximidade da povoação, dando prioridade à saúde e segurança públicas

Estes critérios foram informados através de uma análise exaustiva da literatura relevante, das normas estabelecidas pelo Ministério do Desenvolvimento Urbano e da Construção da Etiópia e das melhores práticas internacionalmente reconhecidas em matéria de gestão de resíduos sólidos. A integração destes critérios permitiu a criação de mapas individuais, que foram posteriormente combinados através de um processo simples de sobreposição para produzir um mapa composto final. Esta síntese espacial facilitou a identificação de locais óptimos para a eliminação de resíduos sólidos, equilibrando factores concorrentes e assegurando uma solução ambientalmente responsável. A metodologia foi rigorosamente documentada, com tabelas que fornecem um resumo conciso das camadas, zonas tampão, classificações e pesos das camadas utilizados na análise.

5.1 Análise da adequação do local de descarga de resíduos sólidos na cidade de Gondar

5.1.1 Distância adequada das estradas principais:

A análise da adequação dos locais de descarga de resíduos sólidos na cidade de Gondar começou com uma avaliação da distância das estradas principais, um fator crítico para garantir a acessibilidade e minimizar os impactos ambientais. Para este fim, foram gerados múltiplos anéis de proteção em intervalos de distância incrementais para categorizar a área em quatro classes de adequação distintas. Especificamente, as áreas a menos de 100 metros das estradas principais foram consideradas "não adequadas" devido a potenciais riscos ambientais e de saúde, enquanto as áreas entre 100 e 500 metros foram classificadas como "menos adequadas" devido a preocupações residuais. Por outro lado, as distâncias entre 500 e 1000 metros foram consideradas "moderadamente adequadas" e as áreas superiores a 1500 metros foram designadas como "altamente adequadas" para locais de eliminação de resíduos sólidos.

Tabela no. 5.1: Distribuição da área de classe de aptidão das estradas principais

Distância da estrada (metro)	Classe de aptidão	Valor	Área (ha.)	Área total (%)
<100	Não adequado	1	8151.04	27.84
100 - 500	Menos adequado	2	3932.59	13.43
500-1000	Moderadamente adequado	3	3313.45	11.32
>1500	Altamente adequado	4	13883.1	47.41

Os resultados desta análise revelaram que 47,41% da distância total protegida se enquadrava na categoria altamente adequada (Classe 4), indicando um potencial significativo para locais de despejo de resíduos sólidos. Por outro lado, 27,84% da área total foi considerada inadequada para a eliminação de resíduos sólidos devido à proximidade de estradas principais (Tabela n.º 5.1 e Figura n.º 5.1) Esta avaliação meticulosa sublinha a importância de equilibrar a acessibilidade com considerações ambientais na seleção de locais ideais para a descarga de resíduos sólidos.

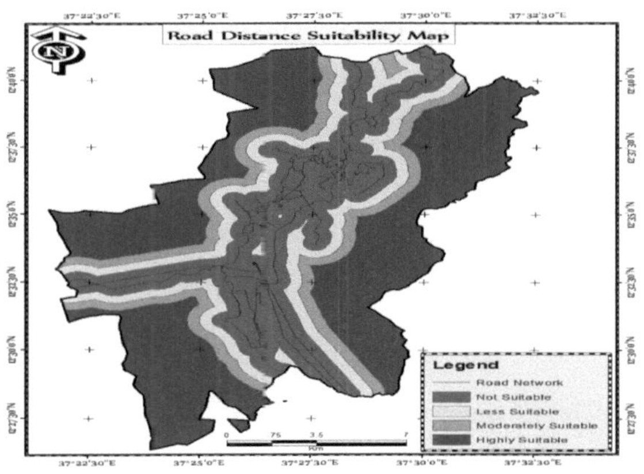

Figura no. 5.1: Mapa de Adequação da Distância da Estrada

5.1.2 Distância adequada dos rios

Para mitigar os impactos ecológicos e ambientais da eliminação de resíduos sólidos, é crucial manter uma distância segura dos rios e ribeiros. Na área de estudo, três rios afluentes apoiam várias actividades, incluindo a irrigação de áreas mais baixas da bacia hidrográfica, sublinhando a importância de preservar a sua saúde ambiental. Consequentemente, foram desenvolvidas quatro classes de adequação para avaliar a distância dos rios, com pesos atribuídos de acordo com a sua importância relativa em comparação com outros factores (Tabela n.º 5.2 e Figura n.º 5.2).

As classes de aptidão para a distância dos rios foram categorizadas da seguinte forma:

•**Não adequado (0-300 metros):** A proximidade de rios apresenta riscos ambientais significativos, incluindo poluição e perturbação do habitat, tornando as áreas dentro deste intervalo inadequadas para a eliminação de resíduos sólidos.

•**Menos adequado (300-500 metros):** Embora ligeiramente mais aceitáveis, as áreas dentro deste intervalo ainda suscitam preocupações relativamente à qualidade da água do rio e aos ecossistemas aquáticos.

•**Moderadamente adequado (500-1000 metros):** Esta gama de distâncias oferece um compromisso entre considerações ambientais e viabilidade logística.

• **Altamente adequado (acima de 1000 metros):** As áreas a mais de 1000 metros dos rios são óptimas para a eliminação de resíduos sólidos, garantindo um impacto ambiental mínimo.

Tabela no. 5.2: Classificação da aptidão da terra com base na distância ao rio

Distância de Rio (metro)	Classe de aptidão	Valor	Total Área (%)
0-300	Não adequado	1	12.20
300-500	Menos adequado	2	7.60
500-1000	Moderadamente adequado	3	17.79
>1000	Altamente adequado	4	62.40

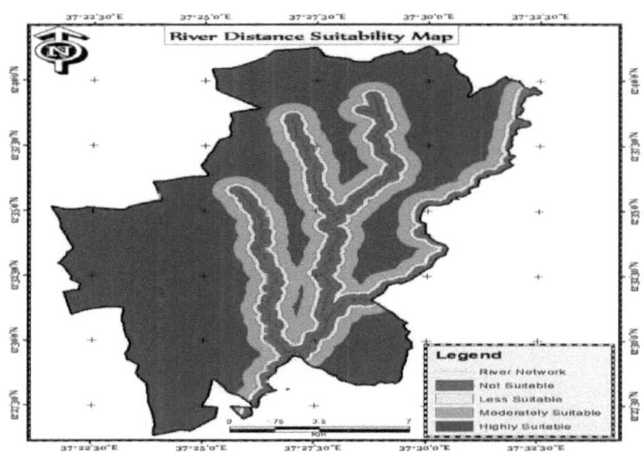

Figura no-5.2: Mapa de Adequação da Distância ao Rio

Os resultados desta análise revelaram que 12,20% da área total se enquadra na categoria não adequada, enquanto 7,60% é menos adequada. Por outro lado, 17,79% é moderadamente adequado e 62,40% é altamente adequado para a eliminação de resíduos sólidos (Tabela nº 5.2). Esta avaliação sistemática sublinha a importância crítica de considerar a proximidade dos rios na gestão dos resíduos sólidos, assegurando a sustentabilidade a longo prazo dos ecossistemas aquáticos e da saúde ambiental.

5.1.3 Adequação do uso do solo Cobertura do solo:

A análise da utilização/cobertura do solo (LULC) desempenhou um papel fundamental na identificação de locais adequados para a eliminação de resíduos sólidos na cidade de Gondar. Utilizando imagens SPOT5, o LULC da área de estudo foi meticulosamente categorizado em seis classes distintas: áreas construídas, terras de cultivo, pastagens, pântanos, terras de mato e massas de água. Os resultados revelaram que as terras de cultivo dominam a paisagem, cobrindo 45,52% da área total (13 328,2 hectares), seguidas de perto pelas pastagens, que representam 34,20% (10 013,5 hectares). As zonas urbanizadas que englobam espaços residenciais, industriais e recreativos, representam 7,15%

41

(2.093,81 hectares) da área de estudo.

Tabela no. 5.3: Classificação do uso e ocupação do solo (LULC)

Principais categorias de ocupação do solo	Área (ha)	Percentagem relativa
Área construída	2093.81	7.15
Terras de cultivo	13328.2	45.52
Terra de relva	10013.5	34.20
Terreno pantanoso	602.3765	2.06
Terra de mato	3189.53	10.89
Corpo de água	52.74	0.18
Total	29280.16	100

Os pântanos e as massas de água constituem as menores proporções, cobrindo apenas 2,06% (602,3765 hectares) e 0,18% (52,74 hectares), respetivamente. Os matos representam 10,89% (3.189,53 hectares) da superfície total. Estes resultados são apresentados de forma sucinta na Tabela no. 5.3 e representadas visualmente na Figura no 5.3.

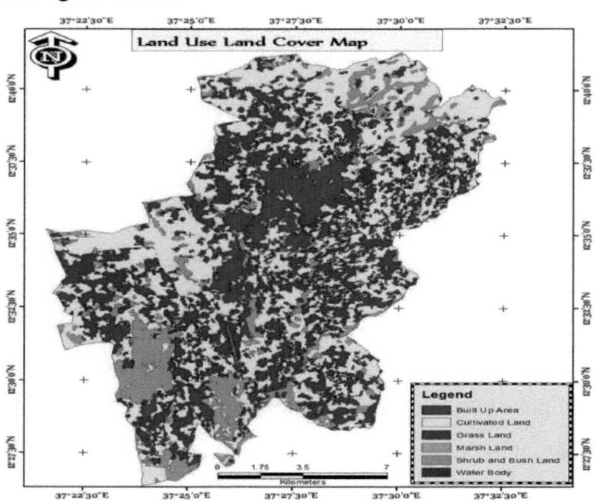

Figura no. 5.3: Mapa de ocupação do solo da área de estudo

Com base na classificação final do uso e ocupação do solo (LULC), fo
desenvolvido um mapa de adequação abrangente (Figura n.º 5.4) para identificar
os melhores locais de eliminação de resíduos sólidos na área de estudo
Nomeadamente, a região central é caracterizada por áreas construídas
densamente povoadas, o que a torna inadequada para a eliminação de resíduos
sólidos devido a potenciais riscos ambientais e para a saúde. A composição
LULC da área de estudo revela (Tabela n.º 5.4) uma paisagem diversificada
com massas de água, áreas urbanizadas e terrenos de cultivo a dominarem
52,85% da área, seguidos de terrenos pantanosos (2,05%), terrenos florestais e
arbustivos (10,89%) e terrenos de pastagem (34,19%). Esta designação tem por
base o mínimo impacto ambiental e a baixa atividade humana nestas regiões
Por outro lado, as áreas com infra-estruturas construídas, culturas e massas de
água foram consideradas menos adequadas ou inadequadas devido a potenciais
riscos de contaminação e utilizações concorrentes do solo.

Tabela no-5.4: Análise da adequação da ocupação do solo

Classe de aptidão	Classe LULC	Área	
		(H.a)	%
Não Adequado	Corpo de água, Construído Levantar e Cultivo	15473.75	52.85
Adequado	Terreno pantanoso	602.38	2.05
Moderatel	Terra de mato	3189.53	10.8
Altamente	Terra de relva	10013.5	34.1
Total		29280.2	100

Esta análise meticulosa da adequação garante que os locais de eliminação de
resíduos sólidos estão estrategicamente localizados para minimizar os danos
ambientais e otimizar a eficiência da utilização do solo.

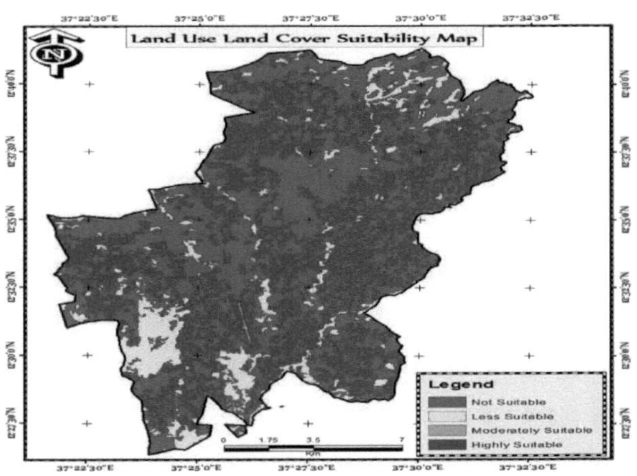

Figura no. 5.4: Mapa de Adequação do Uso do Solo

5.1.4 Adequação do declive:

A inclinação topográfica é um critério fundamental na seleção de locais de eliminação de resíduos sólidos, influenciando a estabilidade dos resíduos, o potencial de erosão e o impacto ambiental. O estudo sublinhou a importância da topografia na determinação da adequação dos terrenos para locais de eliminação de resíduos sólidos, revelando que as áreas com ângulos de declive mínimos são consideravelmente mais adequadas do que aquelas com declives acentuados. Esta conclusão é corroborada por Kimani (2011), que salientou que os terrenos com declives acentuados representam um risco acrescido de poluição ambiental devido ao aumento do escoamento superficial e da migração de lixiviados. Além disso, as áreas com declives elevados são frequentemente inacessíveis aos veículos, o que as torna impraticáveis para as operações de eliminação de resíduos. O declive, definido como a taxa de variação da elevação por unidade de distância, é um fator crítico na avaliação da adequação do terreno. Especificamente, os declives suaves facilitam o acesso, reduzem os riscos de erosão e minimizam o potencial de infiltração de poluentes nas fontes de água ou no solo adjacentes. Em contrapartida, os declives acentuados agravam estas preocupações, tornando-os menos desejáveis para efeitos de gestão de resíduos.

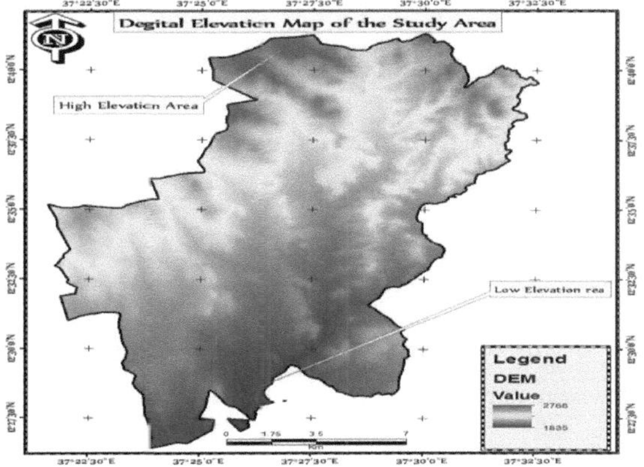

Figura no. 5.5: Modelo Digital de Elevação da Área de Estudo

O declive da área de estudo foi meticulosamente calculado a partir de um Modelo Digital de Elevação de alta resolução (Figura nº 5.5) M) com uma grelha de 20x20m e visualizado num ambiente de Sistema de Informação Geográfica (SIG) como um mapa temático. Esta análise espacial facilitou a categorização das faixas de declive em quatro classes de aptidão distintas, tal como defendido por Chang et al. (2007). Especificamente, os declives entre 0-5% foram considerados altamente adequados, enquanto os declives entre 5,1-10% foram considerados moderadamente adequados. Em contrapartida, os declives de 10,1-15% foram classificados como menos adequados e os que excedem 15% foram considerados totalmente inadequados e não recomendados para a seleção de locais de eliminação de resíduos sólidos devido a riscos ambientais elevados. O declive da área de estudo varia significativamente, indo de 0 a 34 graus. Uma análise detalhada do mapa de aptidão dos declives (Figura n.º 5.6) revela padrões espaciais distintos. A região sudoeste inferior apresenta declives relativamente suaves, enquanto as áreas noroeste e nordeste apresentam inclinações consideravelmente mais acentuadas, tornando-as menos adequadas para a eliminação de resíduos sólidos. As partes central e sul da área de estudo, caracterizadas por declives entre 0-5 graus, são altamente adequadas devido ao risco mínimo de erosão e à estabilidade óptima.

Tabela no. 5.5: Classificação da aptidão dos declives

Classe de aptidão	Classe de declive	Área (H.a)	%
Não adequado	>15	1441.5	4.92
Menos adequado	10 - 15	2266.5	7.74
Moderadamente adequado	5 - 10	4228.0	14.44
Altamente adequado	0 - 5	21344.2	72.90
Total		29,280.2	100

A avaliação da adequação dos declives categoriza a área de estudo em quatro classes (Tabela n.º 5.5). Nomeadamente, 72,90% da área total (21.344,2 hectares) é altamente adequada para a eliminação de resíduos sólidos, com declives entre 0-5 graus, indicando um risco mínimo de erosão e uma estabilidade óptima. As áreas moderadamente adequadas, com declives entre 5-10 graus, representam 14,44% (4.228 hectares) da área de estudo. Por outro lado, as áreas com declives superiores a 15 graus (1.441,5 hectares) são consideradas não adequadas, compreendendo 4,92% da área de estudo. Além disso, 7,74% (2.266,5 hectares) da área é menos , com declives entre 10-15 graus.

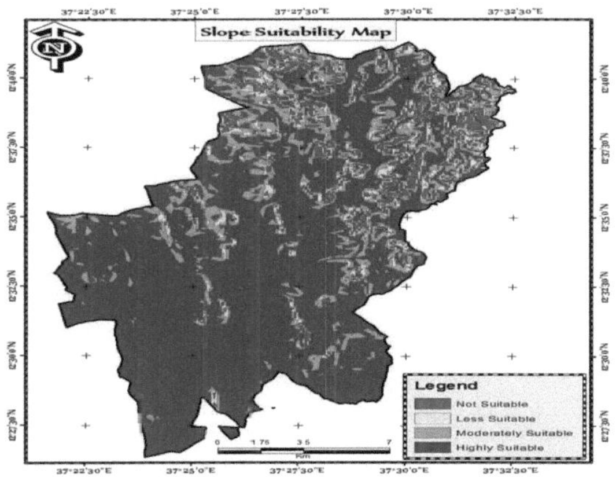

Figura no-5.6: Mapa de aptidão para declives

5.1.5 Distâncias adequadas da área protegida:

Para garantir a localização responsável das instalações de eliminação de resíduos sólidos, a proximidade das áreas protegidas foi meticulosamente avaliada. As áreas protegidas neste estudo englobam o complexo de Fasile Dese, as igrejas e o aeroporto, que são ecossistemas e infra-estruturas sensíveis que requerem proteção. Foi utilizada uma análise de proximidade de múltiplos anéis de proteção (Figura n° 5.7) para identificar os locais ideais para a eliminação de resíduos sólidos, considerando as diferentes distâncias destas áreas protegidas: 0-1000 metros, 1000-2000 metros, 2000-3000 metros e acima de 3000 metros

Estas zonas facilitaram a exclusão de áreas inadequadas da análise, garantindo a proteção de ecossistemas e infra-estruturas sensíveis. De notar que aproximadamente 87% da área total (25.455,9 hectares) está classificada como altamente adequada para a eliminação de resíduos sólidos, situada a mais de 3000 metros das áreas protegidas.

Tabela no. 5.6: Classe de aptidão baseada na distância para áreas protegidas

Classe de aptidão	Distância de Área protegida	Área	
		(H.a)	%
Não adequado	0 -1000	1309.01	4.47
Menos adequado	1000 - 2000	1298.11	4.43
Moderadamente	2000 - 3000	1217.17	4.16
Altamente adequado	>3000	25455.90	86.94
Total		29280.2	100

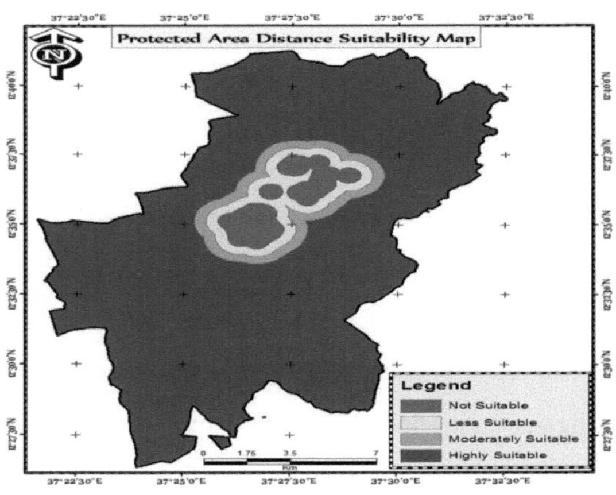

Figura no-5.7: Mapa de adequação da distância da área protegida

Por outro lado, as áreas situadas a menos de 1000 metros das áreas protegidas (1.309,01 hectares) são consideradas não adequadas, representando 4,47% da área de estudo, devido a potenciais riscos ambientais e para a saúde. Adicionalmente, 4,43% (1.298,11 hectares) da área é menos adequada, localizada entre 1000-2000 metros de áreas protegidas. Uma classificação de aptidão moderada aplica-se a áreas entre 2000-3000 metros (1.217,17 hectares), compreendendo 4,16% da área de estudo (Tabela n.º 5.6).

48

5.1.6 Análise de aptidão do solo:

A paisagem pedológica da área de estudo é caracterizada por oito tipos de solo dominantes, variando significativamente em proporção. Em particular, predominam os Cambissolos Eutróficos e os Vertissolos Crómicos, que cobrem 44,91% e 28,13% da área total, respetivamente. Em contraste, os Fluvisols eutróficos e os solos de superfície rochosa ocupam proporções mínimas, representando apenas 0,13% e 0,33%, respetivamente (Tabela n.º 5.7).

Tabela no. 5.7: Proporção da área de aptidão do solo

Sl. Não.	Solo principal Tipos	Área(H.a)	Área (%)
1	Crómico Luvisols	547.79	1.87
2	Crómico Vertissolos	8235.55	28.13
3	Eutrópico Cambissolos	13149.70	44.91
4	Fluvisóis Eutricos	39.30	0.13
5	Nitossolos eutróficos	1998.20	6.82
6	Litossóis	655.62	2.24
7	Luvisols Orthic	4556.62	15.56
8	Superfície da rocha	97.45	0.33
Total		29280.2	100

Uma análise detalhada da classificação da aptidão do solo revela que quase metade da área de estudo (46,78%) é considerada imprópria para a deposição de resíduos sólidos, composta por Eutric Cambisols e Chromic Luvisols. Adicionalmente, 15,70% e 9,06% da área são classificados como menos adequados e moderadamente adequados, respetivamente (Tabela no. 5.8).

Tabela no. 5.8: Proporção da área de aptidão do solo

Adequação Classe	Tipo de solo	Área (H.a)	%
Não adequado	Cambissolos eutróficos e crómicos	13697.60	46.78
Menos adequado	Fluvisóis Eutricos e Luvisols órticos	4595.89	15.70
Moderadamente adequado	Litossolos e Nitossolos Eutróficos	2653.72	9.06
Altamente adequado	Superfície da rocha e Vertissolos Crómicos	8333.08	28.46
Total		29280.20	100

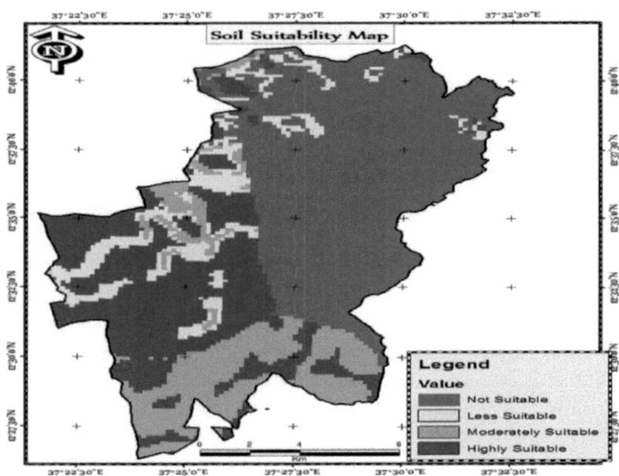

Figura no-5.8: Mapa de análise da aptidão do solo

Por outro lado, 28,46% da área total do terreno é altamente adequada para a eliminação de resíduos sólidos, principalmente devido à presença de Vertissolos Crómicos. Estes solos apresentam propriedades desejáveis, incluindo um elevado teor de argila, semi-permeabilidade e capacidade de deglutição, mitigando potenciais riscos ambientais (Figura no.5 8).

5.1.7 Análise de adequação da liquidação:

Para garantir a eliminação segura e ambientalmente responsável dos resíduos sólidos, a proximidade das áreas de povoamento é uma consideração crítica. Foi efectuada uma análise exaustiva da adequação, utilizando distâncias tampão de vários anéis para determinar as distâncias de recuo ideais. Os resultados revelam que as áreas a menos de 1000 metros das povoações não são consideradas adequadas para a eliminação de resíduos sólidos, representando 31,77% da área de estudo (9.302,48 hectares). As áreas entre 1000-2000 metros dos aglomerados populacionais são classificadas como menos adequadas compreendendo 17,29% (5.063,21 hectares) da área de estudo. As áreas moderadamente adequadas, situadas entre 2000 e 2500 metros dos aglomerados populacionais, representam 8,65% (2.530,70 hectares). Por outro lado, as áreas que se situam a mais de 2500 metros dos aglomerados populacionais são consideradas altamente adequadas para a deposição de resíduos sólidos abrangendo 42,29% (12.383,80 hectares) da área de estudo (Tabela nº 5. 9).

Tabela no. 5.9: Proporção da área de adequação do assentamento

Classe de aptidão	Distância do povoamento	Área	
		(H.a)	%
Não é adequado	0 - 1000m	9302.48	31.77
Menor adequação	1000 - 2000m	5063.21	17.29
Moderadamente	2000 - 2500m	2530.70	8.65
Altamente adequado	>2500m	12383.80	42.29
Total		29280.19	100

Foi gerado um mapa de adequação abrangente (Figura n.º 5.9) para visualizar as distâncias óptimas entre os locais de eliminação de resíduos sólidos e as áreas de povoamento, revelando informações valiosas para a tomada de decisões informadas. Em particular, 31,77% da área de estudo é considerada totalmente inadequada para a eliminação de resíduos sólidos devido à sua proximidade dos centros urbanos, sublinhando a necessidade de um planeamento cuidadoso para mitigar potenciais riscos ambientais e para a saúde.

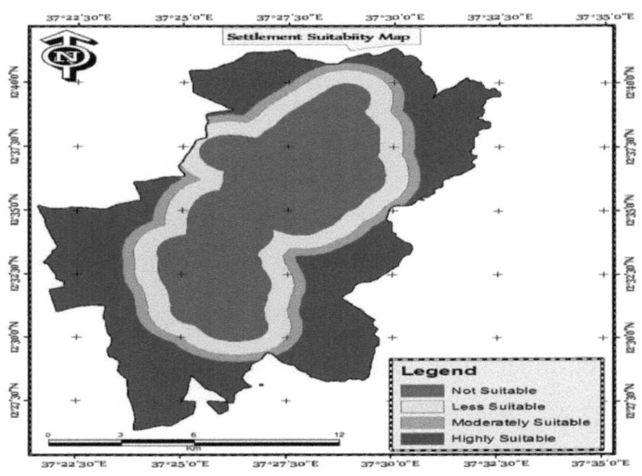

Figura no-5.9: Mapa de Adequação de Povoamento

As áreas situadas entre 1000,1-2000 metros dos aglomerados populacionais são classificadas como menos adequadas, apresentando condições comprometidas para a gestão de resíduos. Por outro lado, as regiões situadas entre 2000,1-2500 metros dos aglomerados populacionais surgem como moderadamente adequadas, cobrindo uma área de 2530,70 hectares. Esta zona oferece um equilíbrio entre as preocupações ambientais e a viabilidade logística. O mais significativo é o facto de 42,3% da área total de estudo ser considerada altamente adequada para a eliminação de resíduos sólidos, predominantemente localizada em torno zonas limítrofes. Estas regiões oferecem condições óptimas para minimizar o impacto ambiental, assegurando simultaneamente operações eficientes de gestão de resíduos.

5.2 Mapa temático dos potenciais locais de eliminação de resíduos sólidos

5.2.1 Atribuição de pesos aos critérios

Na metodologia de avaliação multicritério baseada em SIG (MCE), a atribuição de pesos de critérios a cada mapa de factores é uma componente crucial. Este processo de ponderação permite aos decisores expressar a importância relativa ou a preferência de cada fator no processo de seleção do local de eliminação de resíduos sólidos. Ao fazê-lo, tem em conta os diferentes graus de influência que cada fator exerce no processo global de tomada de decisão. Para o efeito, foram desenvolvidos vários procedimentos de ponderação de critérios, aproveitando a experiência e os pareceres dos decisores. Nomeadamente, o Processo Hierárquico Analítico (AHP) destaca-se como uma abordagem robusta e eficaz. O AHP facilita as comparações entre pares, permitindo que os decisores avaliem sistematicamente e atribuam prioridades aos factores com base na sua importância percebida. Através do AHP, os decisores podem quantificar os pesos relativos de cada fator, assegurando um processo de tomada de decisão estruturado e transparente. Esta metodologia rigorosa permite a integração de múltiplos factores, tais como considerações ambientais, sociais, económicas e técnicas, num quadro de avaliação abrangente.

Tabela no. 5.10: Taxas de ponderação baseadas na comparação entre pares

	Rio	LULC	Estrada	Declive	Solo	Geologia	Liquidações	Área protegida
LULC	1							
Liquidações	½	1						
Rio	1/3	1/3	1					
Solo	1/7	1/3	1/3	1				
Declive	1/5	1/5	1/3	1/3	1			
Área protegida	1/5	1/5	1/5	1/3	1/3	1		
Estrada	1/7	1/6	1/5	¼	1/3	½	½	1

O Analytical Hierarchy Process (AHP) é uma poderosa técnica de tomada de decisões especificamente concebida para resolver problemas complexos caracterizados por múltiplos objectivos e critérios interligados

Esta metodologia reconhece que nem todos os parâmetros têm a mesma importância, uma vez que alguns exercem uma influência mais profunda do que outros. Consequentemente, a atribuição de pesos diferenciais a estes parâmetros é crucial, uma vez que pode ter um impacto substancial no nível de adequação (Abdi et al., 2017). Para determinar esses pesos, foi utilizada uma abordagem sistemática de comparação entre pares, alinhada com o quadro lógico desenvolvido por Saaty (1980). Este processo consistiu em avaliar a importância relativa de cada fator em relação à aptidão dos pixels para a atividade específica em avaliação. Através de uma série de comparações entre pares, a equipa de investigação estabeleceu uma hierarquia completa dos factores, reflectindo as suas inter-relações e os seus diferentes graus de influência. As taxas de ponderação resultantes, apresentadas na Tabela no. 5.10, fornecem uma representação quantitativa da importância relativa de cada fator. Este processo rigoroso de ponderação garante que o quadro de tomada de decisões capta com precisão as complexidades do problema, facilitando avaliações informadas e objectivas.

5.2.2 Método de classificação

O método de classificação envolve um processo de avaliação sistemática em que cada critério é priorizado de acordo com as preferências do decisor. Para facilitar esta avaliação, a cada fator em consideração é atribuído um valor ponderado que reflecte a sua importância relativa na determinação da adequação de um local de eliminação de resíduos sólidos. Esta abordagem ponderada assegura que os factores mais críticos recebem proporcionalmente maior ênfase. Para integrar os vários critérios num quadro de avaliação abrangente, é utilizado um processo de normalização. Cada conjunto de dados é normalizado para uma escala comum, variando de 1 a 4, para permitir uma comparação perfeita e uma análise de sobreposição. Esta escala normalizada corresponde a quatro níveis de adequação distintos: (Valor 1 = Não adequado, Valor 2 = Menos adequado, Valor 3 = moderadamente adequado e Valor 4 = altamente adequado). Ao adotar esta estrutura padronizada, o processo de avaliação torna-se mais robusto, consistente e transparente Os valores dos critérios resultantes fornecem uma base clara e quantitativa para avaliar a adequação de potenciais locais de eliminação de resíduos sólidos.

Tabela no. 5.11: Resumo dos factores de adequação e ponderação

Factores	Peso (%)	Classe	Classe de aptidão
Declive	6.85	0-5	Altamente adequado
		5-10	Moderadamente adequado
		10-15	Menos adequado
		>15	Não adequado
Rio	15.23	>1000	Altamente adequado
		500.1-1000	Moderadamente adequado
		300.1-500	Menos adequado
		0-300	Não adequado
Solo	10.20	Superfície da rocha/ Crómica Vertissolos	Altamente adequado
		Litossóis/ Eutric Nitossóis	Moderadamente adequado
		Eutric Fluvisols/ Orthic Luvisols	Menos adequado
		Cambissolos Eutricos/ Luvisóis Crómicos	Não adequado
Uso do solo Cobertura do solo	31.04	Terra nua e relva Terreno	Altamente adequado
		Terrenos florestais e arbustos	Moderadamente adequado
		Terreno pantanoso	Menos adequado
		Colonização e água Corpo	Não adequado
Estrada	3.09	>1500m	Altamente adequado
		500.1 - 1500 m	Moderadamente adequado
		100.1 - 500 m	Menos adequado
		0 - 100 m	Não adequado
Área protegida	6.36	>3000 m	Altamente adequado
		2000.1 - 3000 m	Moderadamente adequado
		1000.1 - 2000 m	Menos adequado

		0 -1000 m	Não adequado
Liquidação	27.23	>2500m	Altamente adequado
		2000.1 - 2500m	Moderadamente adequado
		1000.1 - 2000m	Menos adequado
		0 - 1000m	Não adequado

Para determinar a importância relativa de cada fator, é utilizada uma matriz de comparação de pares e um mapa de factores. Esta metodologia rigorosa permite o cálculo de valores de peso, que dão prioridade aos factores com base na sua influência, expressa como uma percentagem entre 0 e 100%. Os valores de peso fornecem uma representação quantitativa da importância de cada fator, facilitando uma compreensão matizada das suas inter-relações. Simultaneamente, é utilizado um sistema de classificação para categorizar cada fator reclassificado com base no seu potencial impacto. Esta classificação baseia-se numa análise exaustiva da literatura e na opinião de peritos, garantindo uma avaliação completa e informada. A escala de classificação varia de 1 a 4, em que: Classificação 4: Maior influência, Classificação 3: Influência moderada, Classificação 2: Baixa influência e Classificação 1: Menos influência. A Tabela no. 5.11 apresenta os valores dos pesos e a classificação de cada fator, fornecendo uma representação visual clara da sua importância relativa.

5.2.3 Critérios de variáveis de classificação por AHP

O Processo de Hierarquia Analítica (AHP) é utilizado para classificar e dar prioridade a parâmetros multicritérios, facilitando a tomada de decisões informadas na seleção de locais de eliminação de resíduos sólidos. O quadro de prioridades do AHP assegura a avaliação efectiva das fontes disponíveis, baseando-se na opinião de peritos para orientar o processo de tomada de decisões (Andi et al., 2017). Para estabelecer uma matriz de comparação par a par abrangente, todas as combinações possíveis de dois factores são sistematicamente avaliadas.

SL. Não	Cada fator	Peso	Peso em %
1	Uso do solo Cobertura do solo	0.3104	31.04
2	Declive	0.2723	6.85
3	Solo	0.1523	10.20
4	Rio	0.1020	15.23
5	Área protegida	0.0682	6.36
6	Liquidação	0.0436	27.23
7	Estrada	0.0209	3.09

Rácio de consistência= 0,05.

O julgamento dos peritos é utilizado para comparar factores, permitindo c
cálculo de pesos e rácios de consistência. O rácio de consistência é uma métrica
crítica, identificando potenciais inconsistências no processo de comparação
entre pares e assegurando a fiabilidade dos resultados. A Tabela no. 5.12
apresenta a interface de derivação de pesos AHP, ilustrando os pesos calculados
e o rácio de consistência para a seleção do local de eliminação de resíduos
sólidos.

5.2.4 Resultados da análise da aptidão para a eliminação de resíduos sólidos

A análise da adequação da eliminação de resíduos sólidos culminou na geração
de um mapa final abrangente, que delineia as localizações óptimas para
potenciais locais de eliminação Este mapa foi produzido através da
sobreposição de mapas de factores de aptidão individuais utilizando a
ferramenta Weighted Overlay, que integra cada fator de acordo com a sua
importância relativa. A análise de sobreposição ponderada seguiu uma
abordagem sistemática, incorporando os seguintes passos.

1. Cálculo dos pesos relativos dos vectores próprios para os factores-chave:
utilização/ocupação do solo, declive, solo, proximidade de rios, acessibilidade

rodoviária, densidade populacional e proximidade de zonas protegidas.

2. Cálculo do vetor próprio principal da matriz de comparação entre pares para obter um conjunto de pesos mais adequado.

Tabela no 5.13: Sobreposição ponderada da área de adequação do local de eliminação de resíduos sólidos

Adequação Classe	Valor	Área	
		Ha	%
Não adequado (Cor-de-rosa)	1	16094.2	54.97
Menos adequado (Cor amarela)	2	1996.9	6.82
Moderadamente adequado (Cor violeta)	3	6229.1	21.27
Altamente adequado (Cor verde)	4	4960.0	16.94
Total		29280.2	100

Esta metodologia rigorosa garantiu que a influência de cada fator fosse representada com precisão, reflectindo a sua importância relativa na determinação da adequação do local de eliminação de resíduos sólidos. O mapa final resultante (Figura n.º 5.10) fornece uma representação visual clara das áreas mais adequadas para a eliminação de resíduos sólidos, considerando múltiplos factores e as suas complexas interações. A Figura no. 5.10 apresenta o mapa final de adequação, revelando bolsas dispersas de áreas altamente e moderadamente adequadas para sítios de eliminação de resíduos sólidos. Uma análise detalhada do mapa, complementada pela Tabela no. 5.13, indica que uma parcela significativa de 54,97% da área de estudo é considerada inadequada para a disposição de resíduos sólidos. A região central, caracterizada por elevadas concentrações de povoações, estradas e áreas protegidas, é particularmente inadequada devido ao peso dominante atribuído aos factores uso/cobertura do solo, povoação e áreas protegidas. Nomeadamente, estas áreas inadequadas estão normalmente distantes das zonas residenciais e protegidas, apresentando caraterísticas de solo com elevada infiltração e declives acentuados.

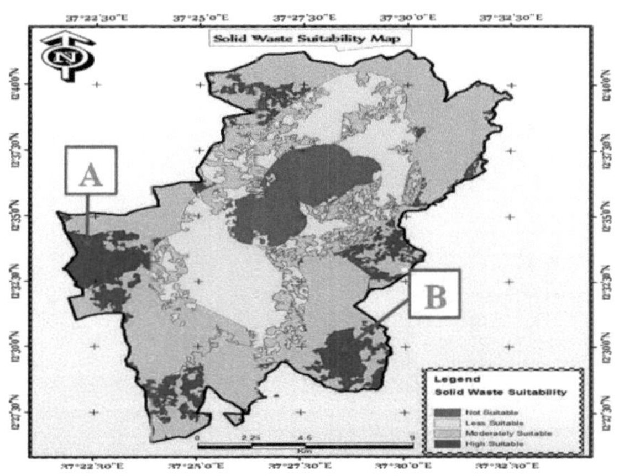

Figura 5.10: Mapa de Adequação de Resíduos Sólidos Final

Em contrapartida, 6,82% da área de estudo é classificada como menos adequada, principalmente devido à sua proximidade de zonas inadequadas e a factores de adequação dos resíduos sólidos abaixo do ideal. Estas áreas menos adequadas, situadas na periferia da região central, representam riscos ambientais e de saúde pública significativos se forem selecionadas para a eliminação de resíduos sólidos. Uma análise comparativa destaca a relativa inadequação das áreas menos adequadas. Embora possam ter um impacto marginalmente menor do que as zonas totalmente inadequadas, são insignificantes em comparação com locais altamente adequados. Consequentemente, as zonas menos adequadas são efetivamente inadequadas devido aos seus efeitos prejudiciais para a saúde da comunidade.

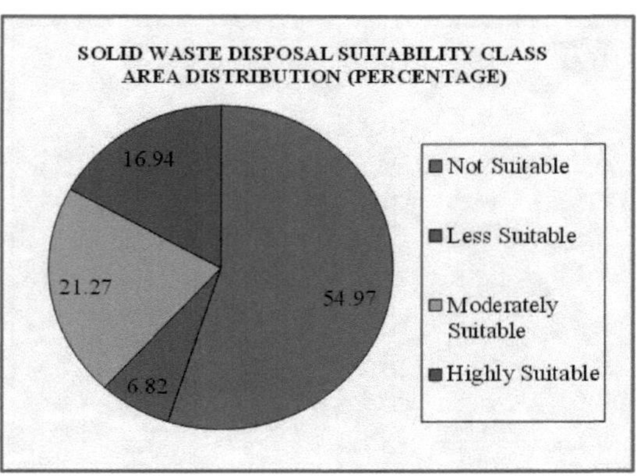

Figura 5.11: Área da classe de adequação do local de eliminação de resíduos sólidos

A Figura 5.11 apresenta uma representação visual convincente da adequação da área de estudo para locais de eliminação de resíduos sólidos. A análise revela, nomeadamente, que 16,94% da área de estudo apresenta uma elevada adequação, enquanto 21,27% é caracterizada como moderadamente adequada.

A disposição concêntrica destas zonas de aptidão sugere uma forte correlação positiva entre as caraterísticas moderadamente adequadas e as altamente adequadas. Isto implica que os factores que influenciam a aptidão moderada estão intimamente ligados aos que definem a aptidão elevada, sublinhando a noção de que as áreas moderadamente adequadas partilham muitos dos atributos desejáveis das zonas altamente adequadas, embora em menor grau. A análise de sobreposição ponderada fornece mais informações sobre as caraterísticas das áreas moderadamente adequadas, destacando o seu potencial como alternativas viáveis para a seleção de locais de eliminação de resíduos sólidos. Embora estas áreas possam não satisfazer os critérios ideais para a eliminação de resíduos sólidos, oferecem uma solução pragmática a considerar, particularmente em cenários em que as zonas altamente adequadas são limitadas ou não estão disponíveis. Reconhecendo o valor inerente das áreas moderadamente adequadas, as partes interessadas podem adotar uma abordagem mais matizada para a seleção do local, uma abordagem que equilibre factores ambientais, sociais e económicos concorrentes.

A análise de sobreposição ponderada final produziu um mapa de adequação abrangente, revelando que 16,94% da área de estudo é altamente adequada para locais de eliminação de resíduos sólidos, demarcada por tons de verde turmalina na Figura 5.10. Um exame espacial meticuloso da distribuição da aptidão indicou que as áreas altamente adequadas estão dispersas e fragmentadas concentrando-se principalmente ao longo da periferia da área de estudo. Em particular, duas regiões extensas surgiram como locais óptimos para a eliminação de resíduos sólidos: Os pontos A e B, situados nas extremidades oeste e leste da área de estudo, respetivamente. Estas duas regiões possuem grandes áreas contíguas de elevada aptidão, o que as torna ideais para locais de eliminação de resíduos sólidos. O ponto A, localizado na extremidade ocidental e o ponto B, posicionado na extremidade oriental, apresentam caraterísticas exemplares, incluindo uma topografia favorável, uma distância adequada de áreas ambientalmente sensíveis e condições de solo adequadas. A identificação dos pontos A e B como locais privilegiados permite uma tomada de decisão informada, estabelecendo um equilíbrio entre considerações ambientais, sociais e económicas. Na sequência de uma avaliação exaustiva dos factores relativos aos locais de eliminação de resíduos sólidos, as duas regiões de canto (A e B na Figura 5.10) surgiram como áreas altamente adequadas, oferecendo uma solução pragmática para a gestão de resíduos sólidos na área de estudo. A distribuição espacial resultante de locais altamente adequados sugere que a utilização de ambas as áreas de forma intercambiável optimizaria a gestão de resíduos sólidos garantindo uma abordagem mais eficiente e sustentável à eliminação de resíduos.A validação do local de eliminação de resíduos sólidos mais adequado exigiu uma análise suplementar, tal como apresentado no mapa subsequente . Este processo de verificação foi concebido para corroborar a eficácia dos locais propostos, fornecendo uma base de dados sólida para informar a tomada de decisões e garantir que os locais selecionados cumprem as normas ambientais, sociais e económicas exigidas. Para tal, foi efectuada uma análise multicritério exaustiva, integrando múltiplos factores e avaliando a sua importância relativa. Estes factores abrangeram uma série de considerações ambientais, sociais e económicas, incluindo topografia, hidrologia, geologia, sensibilidade ambiental e aceitação pela comunidade. Ao considerar estes factores em conjunto, este estudo fornece um quadro rigoroso para a seleção de locais de eliminação de resíduos sólidos, garantindo uma abordagem sustentável e ambientalmente consciente à gestão de resíduos. A ênfase do quadro na conservação do ecossistema e na proteção ambiental atenua os potenciais impactos ambientais, ao passo que a consideração dos factores sociais e económicos garante que as necessidades das comunidades locais e das partes interessadas são tidas em conta. A integração de múltiplos factores permite uma avaliação diferenciada da adequação do local, facilitando a identificação de locais óptimos que equilibram considerações ambientais, sociais e económicas concorrentes. Em última análise, as conclusões deste estudo constituem um recurso valioso para os decisores políticos, profissionais e partes interessadas, permitindo-lhes tomar decisões informadas relativamente à seleção de locais de eliminação de resíduos sólidos e promovendo um futuro mais sustentável para a gestão de resíduos.

6. CONCLUSÕES

Em conclusão, o sistema de eliminação de resíduos sólidos na cidade de Gondar é caracterizado por descargas a céu aberto, precipitando uma cascata de problemas ambientais e sociais. A eliminação descontrolada de fluxos heterogéneos de resíduos provenientes de hospitais, indústrias, agregados familiares, mercados e estabelecimentos comerciais coloca riscos profundos à sustentabilidade ecológica e ao bem-estar humano. A presença de compostos tóxicos lixiviáveis, a ausência de protocolos de tratamento e separação e a proximidade de zonas residenciais, instituições e estradas principais culminam em incómodos, riscos para a saúde e perturbações causadas pelos recolhedores. Além disso, o mapa de aptidão para a deposição de resíduos sólidos indica inequivocamente que o local existente está situado numa zona ambiental e socialmente inadequada, violando flagrantemente as normas ambientais internacionais e nacionais. Esta discrepância flagrante torna o atual sistema de eliminação de resíduos ambientalmente inofensivo e socialmente inaceitável, sublinhando a necessidade imperativa de uma mudança transformadora.

As conclusões deste estudo servem de alerta para os decisores políticos, as partes interessadas e a comunidade para que abordem coletivamente a crise da gestão dos resíduos sólidos na cidade de Gondar. A adoção de práticas sustentáveis de gestão de resíduos, integradas no planeamento espacial e em técnicas analíticas, é crucial para mitigar os impactos prejudiciais na saúde humana, na qualidade ambiental e no bem-estar da comunidade. Em última análise, esta investigação sublinha a necessidade de uma tomada de decisões baseada em provas, de uma colaboração interdisciplinar e do envolvimento da comunidade para promover um ambiente urbano mais limpo, mais saudável e mais resistente.

A seleção de locais de eliminação ideais para os resíduos sólidos urbanos representa há muito um desafio significativo, que exige uma análise cuidadosa para minimizar os danos ambientais. Este estudo foi pioneiro na aplicação de Sistemas de Informação Geográfica (SIG) e de técnicas de processo de sobreposição ponderada para identificar locais adequados para a eliminação de resíduos sólidos urbanos na cidade de Gondar, na Etiópia. Ao integrar estas metodologias de ponta, esta investigação forneceu um quadro robusto para avaliar diversos factores ambientais, sociais e económicos, assegurando que os locais escolhidos se harmonizam com a sustentabilidade ecológica e o bem-estar da comunidade. Esta abordagem inovadora demonstrou a eficácia do SIG e da análise de sobreposição ponderada na atenuação dos impactos ambientais adversos associados à eliminação de resíduos sólidos. Ao avaliar sistematicamente factores como a utilização/cobertura do solo, o declive, o tipo de solo, a proximidade de massas de água, estradas e povoações, este estudo assegurou que os locais de eliminação propostos dão prioridade à gestão ambiental e à saúde pública. Os resultados desta investigação contribuem significativamente para o desenvolvimento de estratégias de gestão de resíduos sólidos baseadas em provas na cidade de Gondar e em contextos urbanos semelhantes, informando os decisores políticos e as partes interessadas na sua procura de soluções sustentáveis para a eliminação de resíduos.

Este estudo exaustivo avaliou meticulosamente seis factores críticos - utilização/cobertura do solo, declive, caraterísticas do solo, proximidade de estradas, ribeiros/rios e áreas protegidas - para identificar os melhores locais de descarga de resíduos sólidos. Através da integração perfeita da Avaliação Multi-Critério (AMC) com os Sistemas de Informação Geográfica (SIG), esta investigação demonstrou a eficácia dos processos de tomada de decisões espaciais na conciliação de critérios complexos e contraditórios. O mapa de adequação de cada fator foi meticulosamente preparado num ambiente SIG, seguido de uma análise de sobreposição ponderada que reflectiu a sua importância relativa. Em particular, os factores relacionados com a utilização/cobertura do solo surgiram como primordiais na determinação da adequação global, sublinhando a importância das considerações ecológicas na gestão dos resíduos sólidos. O mapa de adequação resultante forneceu uma estrutura robusta e baseada em dados para identificar potenciais locais de despejo que minimizam os danos ambientais e os impactos sociais. Esta abordagem integrativa exemplifica o potencial transformador das metodologias SIG-CEM na gestão de resíduos sólidos, oferecendo aos decisores políticos e aos profissionais uma ferramenta fiável para a tomada de decisões informadas As conclusões do estudo sublinham o papel crítico do planeamento espacial e das técnicas analíticas na atenuação das consequências adversas da eliminação inadequada de resíduos. Ao aproveitar os pontos fortes do SIG e do MCE, esta investigação contribui significativamente para o desenvolvimento de estratégias sustentáveis de gestão de resíduos sólidos, garantindo a proteção da integridade ecológica, da saúde pública e do bem-estar da comunidade. Este estudo abrangente categoriza a adequação da eliminação de resíduos sólidos em quatro níveis distintos: altamente adequado, moderadamente adequado, menos adequado e não adequado. O mapa final de adequação revela bolsas dispersas de áreas altamente adequadas, predominantemente concentradas nas regiões oeste e leste, ocupando 16,94% da área de estudo. Por outro lado, a região central é largamente inadequada, representando 54,97% da área. A integração da Deteção Remota (RS) e dos Sistemas de Informação Geográfica (SIG) com a Avaliação Multi-Critério (MCE) utilizando o Processo de Hierarquia Analítica (AHP) revelou-se fundamental para gerar uma base de dados robusta e um mapa orientador para a tomada de decisões informadas. Este estudo sublinha o potencial do RS-GIS e da MCE na identificação de locais óptimos para a eliminação de resíduos sólidos, minimizando os riscos ambientais e os problemas de saúde humana. Os resultados desta investigação sublinham o papel fundamental do planeamento espacial e das técnicas analíticas na gestão sustentável dos resíduos sólidos. Ao aproveitar os pontos fortes do RS-GIS e da MCE, os decisores políticos e os profissionais podem aceder a ferramentas fiáveis para a seleção de locais, garantindo a integridade ecológica, a saúde pública e o bem-estar da comunidade. Este estudo recomenda o aproveitamento da tecnologia RS-GIS para a identificação efectiva de locais adequados para a eliminação de resíduos sólidos, mitigando a degradação ambiental e os riscos para a saúde. Em última análise, esta investigação contribui de forma significativa para o desenvolvimento de estratégias de gestão de resíduos sólidos baseadas em evidências, sublinhando a importância de abordagens interdisciplinares na abordagem de desafios ambientais complexos.

REFERÊNCIAS

1. Akbari, V. (2008). Seleção do local de eliminação de resíduos sólidos através da combinação de SIG e análise de decisão multi-critérios difusa - um estudo de caso em Bandar Abbas, Irão. Revista Mundial de Ciências Aplicadas 3 (Suplemento 1): 39- 47, 2008.

2. Al-Ansari, N. A., Al-Hanbali, A., & Knutsson, S. (2012). Localização de resíduos sólidos aterros sanitários na cidade de Mafraq, Jordânia. Journal of Advanced Science and Engineering Research, 2(1), 40-51.

3. Assefa Melesse, M., Weng, Q., Thenkabail, S. P., & Senay, B. G. (2007). Sensores de deteção remota e aplicações na cartografia e modelação de recursos ambientais. Sensors, 7(12), 3209-3241.

4. Berisa, G., & Birhanu, Y. (2015). Seleção do local de eliminação de resíduos sólidos municipais da cidade de Jigjiga utilizando SIG e técnicas de deteção remota, Etiópia. Revista Internacional de Geografia Física e Humana, 4, 1- 25.

5. Bhat, V. N. (1996). Um modelo para a atribuição óptima de camiões para a gestão de resíduos sólidos. Waste Management & Research, 14(1), 87-96.

6. Agência Central de Estatística. (2008). Resumo e relatório estatístico dos resultados do recenseamento da população e da habitação de 2007. Adis Abeba, Etiópia, pp. 8-19.

7. Agência Central de Estatística. (2013). Adis Abeba, Etiópia.

8. Chang, N., Parvathinathan, G., & Breeden, J. B. (2008). Combinação de SIG com a tomada de decisões multicritério fuzzy para aterros sanitários numa região urbana em rápido crescimento. Journal of Environmental Management, 87(1), 139-153.

9. Cunningham, W. P. (2008). Princípios da ciência ambiental: Investigação e aplicações (4.ª ed.). McGraw-Hill.

10. Debishree, K., & Samadder, S. R. (2014). Aplicação de SIG na localização

de eliminação de resíduos sólidos para resíduos sólidos urbanos, Dhanbad, Índia.

11. Degnet, A. (2008). Determinantes das práticas de eliminação de resíduos sólidos nas zonas urbanas da Etiópia: A household-level analysis. Ciências Sociais da África Oriental Research Review, 24(1), 1-14.

12. Deng, Y., & Englehardt, J. D. (2006). Tratamento de lixiviados de aterros sanitários pelo processo Fenton. Water Research, 40(20), 3683-3694.

13. DPIWE (2004). Landfill Sustainability Guide, Departamento das Indústrias Primárias, Água e Ambiente da Tasmânia.

14. Eggen, T., Moeder, M., & Arukwe, A. (2010). Lixiviados de aterros municipais: A significant source for new and emerging pollutants. Science of the Total Environment, 408(21), 5147-5157.

15. Emun, G. (2010). A multi-criteria approach for suitable quarry site selection in Addis Ababa using remote sensing and GIS, Unpublished postgraduate thesis, Addis Ababa University, Ethiopia.

16. Orientações ambientais para actividades de pequena escala em África (EGSSAA). (2009). Resíduos sólidos: Geração, manuseamento, tratamento e eliminação (Capítulo 15). Agência dos EUA para o Desenvolvimento Internacional.

17. Hasana, M. R., Kidokoro, T., & Islam, S. A. (2009). Demanda de eliminação de resíduos sólidos e alocação para eliminação de resíduos sólidos municipais na cidade de Dhaka: An assessment in a GIS environment. Jornal de Engenharia Civil (IEB), 37(2), 13-14.

18. Higgs, G. (2006). Integração de critérios múltiplos com sistemas técnicos de informação geográfica na localização de instalações de resíduos para aumentar a participação do público. Waste Management & Research, 24(2), 105-117.

19. Jankowski, P., & Nyerges, T. (2001). Tomada de decisão colaborativa apoiada por SIG: Resultados de uma experiência. Annals of the Association of American Geographers, 91(1), 48-70.

20. Jilani, T. (2002). State of solid waste management in Khulna City, tese de licenciatura não publicada, Universidade de Khulna, Khulna, Bangladesh.

21. Khamehchiyan, M., Nikoudel, M. R., & Boroumandi, M. (2011). Identificação do local de aterro de resíduos perigosos: Um estudo de caso da província de Zanjan, Irão. Ciências Ambientais da Terra, 64(6), 1763-1776.

22. Konteh, F. H. (2009). Urban sanitation and health in the developing world: Reminiscing the nineteenth century industrial nations. Health & Place, 15(1), 69-78.

23. Koshy, L., Paris, E., Ling, S., Jones, T., & Berube, K. (2007). Bio-reatividade do lixiviado de aterros de resíduos sólidos urbanos - avaliação da toxicidade. Science of the Total Environment, 384(1-3), 171-181.

24. Kumel Beshir. (2014). Seleção de locais adequados para a eliminação de resíduos sólidos utilizando SIG e abordagem de deteção remota: A case of Welkite Town, Tese de pós-graduação, Universidade de Adis Abeba, Etiópia.

25. Lillesand, T. M., Kiefer, R. W., & Chipman, J. W. (2004). Deteção remota e interpretação de imagens (5ª ed.). John Wiley & Sons.

26. Liu, J. G., & Mason, P. J. (2009). Essential image processing and GIS for remote sensing. John Wiley & Sons.

27. Malczewski, J. (2004). Análise da adequação do uso do solo com base em SIG: A critical overview. Progress in Planning, 62(1), 3-65.

28. Melaku, T. (2008). Household solid waste generation rate and physical composition analysis in Jimma Town, Tese de pós-graduação, Universidade de Adis Abeba, Etiópia.

29. Minalu Ambaneh. (2016). Seleção do local de eliminação de resíduos sólidos utilizando SIG e deteção remota da cidade de Mojo, Etiópia, tese de pós-graduação não publicada, Universidade de Adis Abeba, Etiópia.

30. Minghua, Z., Xiumin, F., Roveta, A., Qichang, H., Vicentini, F., Bingkai, L., Giusti, A., & Yi, L. (2009). Gestão de resíduos sólidos urbanos em Pudong New Area, China. Journal of Waste Management, 29(5), 1227-1233.

31. Natesan, U., & Suresh, E. S. M. (2002). Avaliação da adequação do local para a localização de aterros sanitários utilizando SIG. Journal of the Indian Society of Remote Sensing, 30(4), 261-264.

32. Agência Nacional de Meteorologia. (2006). Addis Abeba, Etiópia.

33. Nemerow, N.L. (2009). Engenharia Ambiental: Environmental Health and Safety for Municipal Infrastructure, Land Use and Planning, and Industry, sixth ed., Wiley, Hobokok, N.J., (2009) Wiley, Hoboken, N.J.

34. Obirih-Opareh, N., & Post, J. (2002). Quality assessment of public and private modes of solid waste collection in Accra, Ghana (Avaliação da qualidade dos modos público e privado de recolha de resíduos sólidos em Accra, Gana). Habitat International, 26(1), 95-112.

35. Oštir, K., Veljanovski. T., Podobnikar.T. e Stančič, Z.(2003). Aplicação de sensoriamento remoto por satélite na gestão de riscos naturais: o estudo de caso do deslizamento de terra do Monte Mangart, International Journal of Remote Sensing, Volume 24, 2003 - Edição 20.

36. Rahmat, Z. G., Niri, M. V., Alavi, N., Goudarzi, G., Babaei, A. A., Baboli, Z., & Hosseinzadeh, M. (2017). Seleção de locais de aterro sanitário usando GIS e AHP: um estudo de caso: Behbahan, Irão. KSCE Journal of Civil Engineering, 21(1), 111-118.

37. Rimba, A. B., Setiawati, M. D., Sambah, A., & Miura, F. (2017). Mapeamento de vulnerabilidade a inundações físicas aplicando técnicas na cidade de Okazaki, Japão.

38. Saaty, T. L. (1980). The Analytic Hierarchy Process, McGraw-Hill.

39. Saxena, S., Srivastava, R. K., & Samaddar, A. B. (2010). Towards sustainable municipal solid waste management in Allahabad City. Management of Environmental Quality: An International Journal, 21(3), 308-323.

40. Seiied Safavian, S. T., Fataei, E., Ebadi, T., & Mohamadian, A. (2015). Seleção do local de eliminação de resíduos sólidos urbanos de Sarein utilizando a técnica GIS e o método SAW. Revista Internacional de Ciência e

Desenvolvimento Ambiental, 6(9), 934-941.

41. Sener, B. (2004). Seleção do local de eliminação de resíduos sólidos utilizando o sistema de informação geográfica. Tese de pós-graduação não publicada, Universidade Técnica do Médio Oriente, Ankara, Turquia.

42. Sener, B., Suzen, L., & Doyurar, V. (2006). Landfill site selection by using Geographic Information systems. Environmental Geology, 49(3), 376-388.

43. Şener, Ş., Sener, E., & Karagüzel, R. (2011). Seleção de locais de eliminação de resíduos sólidos com SIG e metodologia AHP: Um estudo de caso na bacia de Senirkent- Uluborlu (Isparta), Turquia. Environmental Monitoring Assessment (2011) 173:533-554).

44. Sumathi, V., Usha, N., & Chinmoy, S. (2007). GIS-based approach for optimized sitting of municipal solid waste landfill. Waste Management, Volume 28, Número 11, novembro de 2008, Páginas 2146-2160.

45. Tacoli, C. (2012). Urbanização, género e pobreza urbana: Trabalho remunerado e trabalho de cuidado não remunerado na cidade. Instituto Internacional para o Ambiente e o Desenvolvimento; Fundo das Nações Unidas para a População.

46. Tchobanoglous, G. (1993). Gestão integrada de resíduos sólidos: Engineering principles and management issues. McGraw-Hill.

47. Tchobanoglous, G., Theisen, H., & Eliassen, A. (1977). Resíduos sólidos: Engineering principles and management issues. McGraw-Hill Book Co., Nova Iorque.

48. Tirusew, A. (2013). Análise da adequação do local de despejo de resíduos sólidos usando sistema de informação geográfica (GIS) e sensoriamento remoto para Bahir Dar Town, North Western Ethiopia. Jornal Africano de Ciência e Tecnologia Ambiental, 7(11), 976-989.

49. Tsegaye, M. (2006). A multi-criteria analysis for solid waste disposal site selection using remote sensing and GIS, Unpublished master's thesis, Department of Earth Science, Addis Ababa University, Ethiopia.

50. Programa das Nações Unidas para o Desenvolvimento. (1997). Governance for sustainable Human Development (documento de orientação).

51. Programa das Nações Unidas para o Desenvolvimento. (2004). Urban agriculture: Food, jobs, and sustainable cities (Urban Harvest Working Paper Series, Paper No. 1).

52. Programa das Nações Unidas para o Ambiente. (2009). Desenvolvimento de um plano integrado de gestão de resíduos sólidos (Manual de formação, Vol. 1).

53. Wang, G., Qin, L., Li, G., & Chen, L. (2009). Landfill site selection using spatial information technologies and AHP: A case study in Beijing, China, Journal of Environmental Management, 90(8), 2414-2421.

54. Organização Mundial de Saúde. (1996). Guias para a gestão dos resíduos sólidos urbanos nos países do Pacífico (Health Cities, Health Islands Document Series No. 6). Região do Pacífico Ocidental.

55. Organização Mundial de Saúde. (2012). Poluição dos recursos hídricos na África Oriental. Relatório anual/WMR.

56. Wilson, D. C., Rodic, L., Scheinberg, A., Velis, C. A., & Alabaster, G. (2012). Análise comparativa da gestão de resíduos sólidos em 20 cidades. Waste Management & Research, 30(3), 237-254.

57. Yami Birke. (1999). Solid waste management in Ethiopia (Gestão de resíduos sólidos na Etiópia). 25ª Conferência da WEDC sobre Abastecimento de Água e Saneamento Integrados, Adis Abeba, Etiópia.

58. Yohanis, B., & Genemo, B. (2013). Avaliação das práticas de gestão de resíduos sólidos e do papel da participação comunitária na cidade de Jigiga, Jigiga Etiópia.

59. Yousif, D. F., & Scott, S. (2007). Governando a gestão de resíduos sólidos em Mazaten.

Printed by Books on Demand GmbH, Norderstedt / Germany